O N N X
RENGONG
ZHINENG
JISHU
YU
KAIFA
SHIJIAN

ONNX
人工智能技术
与开发实践

吴建明
吴一昊 编著

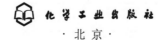

·北京·

内容简介

ONNX(Open Neural Network Exchange，开放神经网络交换)是一种开放格式，用于存储深度神经网络模型。ONNX 由微软和 Facebook 于 2017 年共同推出，旨在促进不同深度学习框架之间的模型交换和互操作性。ONNX 定义了一组与环境和平台无关的标准格式，使得 AI 模型可以在不同的框架和环境下交互使用。经过短短几年的发展，ONNX 已经成为表示深度学习模型的实际标准。它还支持传统非神经网络机器学习模型。ONNX 有望成为整个 AI 模型交换的标准。

全书包括 6 章，分别为 ONNX 安装与使用、ONNX 运行时与应用开发技术、ONNX 各种功能与性能分析、ONNX 数据与操作数优化、ONNX 模型性能与应用、ONNX 创新开发案例分析。

本书适合从事 AI 算法、软件、硬件开发的工程师阅读，也可供科研人员、高校师生、技术管理人员参考使用。

图书在版编目（CIP）数据

ONNX 人工智能技术与开发实践 / 吴建明, 吴一昊编著. -- 北京：化学工业出版社, 2025.4. -- ISBN 978-7-122-47431-5

Ⅰ. TP18

中国国家版本馆 CIP 数据核字第 2025YV6244 号

责任编辑：张海丽　　　　　　　　　文字编辑：郑云海
责任校对：李　爽　　　　　　　　　装帧设计：刘丽华

出版发行：化学工业出版社
　　　　　（北京市东城区青年湖南街 13 号　邮政编码 100011）
印　　装：北京云浩印刷有限责任公司
787mm×1092mm　1/16　印张 15　字数 356 千字
2025 年 5 月北京第 1 版第 1 次印刷

购书咨询：010-64518888　　　　　　售后服务：010-64518899
网　　址：http://www.cip.com.cn
凡购买本书，如有缺损质量问题，本社销售中心负责调换。

定　　价：88.00 元　　　　　　　　　　　　　　　版权所有　违者必究

前言
PREFACE

ONNX（Open Neural Network Exchange）是一种开放的格式，用于表示深度学习模型。它允许模型在不同的深度学习框架之间进行转换和共享，是当今世界最广泛应用的 AI 标准之一。ONNX 旨在提供一个通用的中间表示，使得在不同框架（如 PyTorch、TensorFlow、MXNet 等）中训练的模型能够轻松地在其他框架中部署和运行。

① ONNX 主要优势有：

互操作性：使模型能够在不同框架之间无缝转换。

优化：提供统一的格式，便于进行模型优化和加速。

扩展性：支持新的运算符和模型类型。

② ONNX 主要特点有：

跨框架支持：ONNX 支持多种主流深度学习框架，包括 PyTorch、TensorFlow、Keras、Caffe2 等。

跨平台支持：ONNX 模型可以在不同的硬件和操作系统上运行，包括 CPU、GPU 和专用加速器。

工具丰富：ONNX 生态系统提供了多种工具，用于模型转换、优化和推理。

③ ONNX 核心组件有：

ONNX 模型：由计算图（Graph）组成，包含节点（Nodes）、输入输出（Inputs/Outputs）和初始值（Initializers）。

ONNX Runtime：一个高性能推理引擎，用于执行 ONNX 模型。

ONNX Converter：用于将不同框架的模型转换为 ONNX 格式。

④ ONNX 工作流程为：

模型训练：在支持的框架中训练模型。

模型导出：将训练好的模型导出为 ONNX 格式。

模型优化：使用 ONNX 工具对模型进行优化。

模型推理：使用 ONNX Runtime 或其他支持 ONNX 的推理引擎进行模型推理。

⑤ ONNX 主要应用场景有：

跨框架部署：在多个框架中训练的模型可以统一转换为 ONNX 格式，便于部署。

模型优化：通过 ONNX 提供的工具，可以对模型进行量化和剪枝等优化操作。

硬件加速：ONNX 模型可以在支持 ONNX 的硬件加速器上运行，提高推理速度。

ONNX 通过提供一种通用的模型表示格式，极大地简化了深度学习模型的跨框架部署和优化。其丰富的生态系统和工具支持，使得 ONNX 成为深度学习领域中的重要工具之一。

本书结合 ONNX 理论与大量示例，通俗易懂，可帮助读者迅速掌握 ONNX 的基本原理和操作实践，读者可快速入门，快速上手。本书适合从事人工智能相关工作与人工智能爱好者使用。

全书有以下特点：

第一，从应用入手，详细介绍 ONNX 安装配置以及 ONNX 基本原理。

第二，基于 ONNX 技术，手把手介绍 AI 应用开发步骤。

第三，详细介绍 ONNX 在多种场景下的创新开发案例。

本书在写作过程中得到了家人的全力支持，在此对他们表示深深感谢。

由于编者技术能力有限，书中难免存在纰漏，还望广大读者不吝指正。

编著者

第 1 章　ONNX 安装与使用

1.1　安装 ONNX 运行时（ORT） …… 001
1.1.1　环境要求 …… 001
1.1.2　使用 Python 安装 ONNX …… 001
1.1.3　使用 C# /C/C++ /WinML 安装 ONNX …… 002

1.2　使用 ONNX 运行时 …… 006
1.2.1　在 Python 中使用 ONNX 运行时 …… 006
1.2.2　在 C++ 中使用 ONNX 运行时 …… 010

1.3　构建 ONNX 运行时 …… 010
1.3.1　构建 ONNX 运行时的方式 …… 010
1.3.2　ONNX 运行时 API 概述 …… 017
1.3.3　API 详细信息 …… 021

1.4　支持程序相关 API …… 028

第 2 章　ONNX 运行时与应用开发技术

2.1　ONNX 运行时支持程序 …… 035
2.1.1　ONNX 运行时支持程序简介 …… 035
2.1.2　支持程序摘要 …… 036
2.1.3　添加支持程序 …… 036

2.2　ONNX 原理介绍 …… 037
2.2.1　ONNX 基本概念 …… 037
2.2.2　ONNX 的输入、输出、节点、初始化器、属性 …… 038
2.2.3　元素类型 …… 039
2.2.4　什么是 opset 版本？ …… 040
2.2.5　子图、测试和循环 …… 040
2.2.6　算子扫描 …… 040
2.2.7　工具 …… 041

2.3　ONNX 与 Python …… 042
2.3.1　线性回归示例 …… 042
2.3.2　初始化器，改进的线性规划 …… 046

2.3.3 遍历 ONNX 结构并检查初始化器 …… 048
2.4 运算符属性 …… 049
2.5 根据符号计算矩阵中所有浮点数的总和 …… 052
2.6 树集合回归器 …… 058
2.7 程序创建和验证模型功能 …… 059
2.8 ONNX 模型使用开发示例分析 …… 059
  2.8.1 开发环境 …… 060
  2.8.2 创建控制台应用程序 …… 060
  2.8.3 时间序列异常检测 …… 061
  2.8.4 尖峰检测 …… 062
2.9 在 ML.NET 中使用 ONNX 检测对象 …… 066
  2.9.1 环境配置 …… 066
  2.9.2 目标检测示例 …… 066

第 3 章 ONNX 各种功能与性能分析

3.1 Python API 概述 …… 090
  3.1.1 加载 ONNX 模型 …… 090
  3.1.2 加载带有外部数据的 ONNX 模型 …… 090
  3.1.3 操作 TensorProto 和 Numpy 数组 …… 091
  3.1.4 使用辅助函数创建 ONNX 模型 …… 092
  3.1.5 用于映射 ONNX IR 中属性的转换实用程序 …… 093
  3.1.6 检查 ONNX 模型 …… 094
  3.1.7 ONNX 实用功能 …… 096
  3.1.8 ONNX 形状推理 …… 099
  3.1.9 ONNX 模型文本语法 …… 101
  3.1.10 类型表示 …… 102
  3.1.11 ONNX 版本转换器 …… 103
3.2 ONNX 中的广播 …… 105
  3.2.1 多向广播 …… 105
  3.2.2 单向广播 …… 105
3.3 ONNX 操作符可区分性标签简短指南 …… 106
  3.3.1 差异性标签 …… 106
  3.3.2 定义差异性标签的方法 …… 106
3.4 维度表示 …… 108
  3.4.1 维度表示的目的 …… 108

3.4.2	表示定义	108
3.4.3	表示传播	109
3.4.4	表示验证	109

3.5 外部数据 · 109

3.5.1	加载带有外部数据的 ONNX 模型	109
3.5.2	将 ONNX 模型转换为外部数据	110
3.5.3	使用外部数据检查模型	110

3.6 ONNX 模型库 · 111

| 3.6.1 | 基本用法 | 111 |
| 3.6.2 | ONNX 中心架构 | 113 |

3.7 开放神经网络交换中间表示（ONNX IR）规范 · 114

3.7.1	ONNX IR 中间表示的作用	114
3.7.2	ONNX IR 中间表示组件	115
3.7.3	可扩展计算图模型	115
3.7.4	数据流图	119
3.7.5	张量表达式	122
3.7.6	静态张量形状	122

3.8 实现 ONNX 后端 · 125

3.8.1	什么是 ONNX 后端？	125
3.8.2	统一后端接口	125
3.8.3	ONNX 后端测试	125

第 4 章 ONNX 数据与操作数优化

4.1 管理实验操作符和图像类别定义 · 126

| 4.1.1 | 弃用的实验操作符 | 126 |
| 4.1.2 | 图像类别定义 | 126 |

4.2 ONNX 类型 · 127

| 4.2.1 | PyTorch 中的示例 | 127 |
| 4.2.2 | 操作符惯例 | 129 |

4.3 E4M3FNUZ 和 E5M2FNUZ · 129

| 4.3.1 | 指数偏差问题 | 129 |
| 4.3.2 | Cast 节点用于数据类型转换 | 130 |

4.4 整数类型（4 位） · 131

| 4.4.1 | 整数类型（4 位）概述 | 131 |
| 4.4.2 | Cast 节点用于数据类型转换、包装和拆包 | 132 |

4.5 浮点数（4位） ……………………………………………………………………… 132
4.5.1 浮点数（4位）概述 …………………………………………………… 132
4.5.2 E2M1、包装和拆包 ……………………………………………………… 132

4.6 ONNX 如何使用 onnxruntime.InferenceSession 函数 ………………… 133
4.6.1 操作符测试代码示例 ……………………………………………………… 133
4.6.2 函数定义 …………………………………………………………………… 134
4.6.3 函数属性 …………………………………………………………………… 137

4.7 自定义算子 ……………………………………………………………………… 138
4.7.1 添加算子 …………………………………………………………………… 138
4.7.2 控制操作测试 ……………………………………………………………… 139
4.7.3 自定义运算符 ……………………………………………………………… 139
4.7.4 缩减运算符配置文件 ……………………………………………………… 145

4.8 分析工具 ………………………………………………………………………… 147
4.8.1 代码内性能分析 …………………………………………………………… 147
4.8.2 支持程序分析 ……………………………………………………………… 147
4.8.3 GPU 性能分析 ……………………………………………………………… 148
4.8.4 记录和跟踪 ………………………………………………………………… 148

4.9 线程管理 ………………………………………………………………………… 149
4.9.1 主要内容介绍 ……………………………………………………………… 149
4.9.2 设置操作内线程数 ………………………………………………………… 150
4.9.3 线程旋转规则 ……………………………………………………………… 151
4.9.4 设置互操作线程数 ………………………………………………………… 151
4.9.5 设置操作内线程关联 ……………………………………………………… 151
4.9.6 Numa 支持和性能调优 …………………………………………………… 152

4.10 自定义线程回调与应用 ……………………………………………………… 152
4.10.1 自定义线程回调 ………………………………………………………… 152
4.10.2 在自定义操作中的 I/O 绑定 …………………………………………… 153

4.11 量化 ONNX 模型 ……………………………………………………………… 155
4.11.1 量化概述 ………………………………………………………………… 155
4.11.2 ONNX 量化表示格式 …………………………………………………… 155
4.11.3 量化 ONNX 模型 ………………………………………………………… 156
4.11.4 量化示例 ………………………………………………………………… 158
4.11.5 方法选择 ………………………………………………………………… 158
4.11.6 量化为 Int4/UInt4 ……………………………………………………… 159

4.12 创建 float16 和混合精度模型 ……………………………………………… 161
4.12.1 float16 转换解析 ………………………………………………………… 161
4.12.2 混合精度 ………………………………………………………………… 162

第 5 章 ONNX 模型性能与应用

5.1 ONNX 运行时图形优化 ……………………………………………… 163
5.1.1 ONNX 运行时图形优化概述 ……………………………………… 163
5.1.2 ONNX 运行时图形优化使用方法 ………………………………… 165

5.2 ORT 模型格式 ……………………………………………………… 166
5.2.1 ORT 模型格式是什么? …………………………………………… 166
5.2.2 将 ONNX 模型转换为 ORT 格式 ………………………………… 167
5.2.3 将 ONNX 模型转换为 ORT 格式脚本用法 ……………………… 168

5.3 加载并执行 ORT 格式的模型 ……………………………………… 170
5.3.1 不同平台的运行环境 ……………………………………………… 170
5.3.2 ORT 格式模型加载 ………………………………………………… 170
5.3.3 从内存中的字节数组加载 ORT 格式模型 ……………………… 171
5.3.4 ORT 格式模型运行时优化 ………………………………………… 172

5.4 BERT 模型验证 ……………………………………………………… 174
5.4.1 BERT 模型验证概述 ……………………………………………… 174
5.4.2 对模型进行基准测试和分析 ……………………………………… 174
5.4.3 Olive-硬件感知模型优化工具 …………………………………… 175

5.5 AzureML 上 ONNX 运行时的高性能推理 BERT 模型 …………… 179
5.5.1 AzureML 上 ONNX 运行时 BERT 模型概述 …………………… 179
5.5.2 步骤 1-预训练、微调和导出 BERT 模型（PyTorch）………… 179
5.5.3 步骤 2-通过 AzureML 使用 ONNX 运行时部署 BERT 模型 … 181
5.5.4 步骤 3-检查 AzureML 环境 ……………………………………… 181
5.5.5 步骤 4-在 AzureML 中注册模型 ………………………………… 182
5.5.6 步骤 5-编写评分文件 …………………………………………… 183
5.5.7 步骤 6-写入环境文件 …………………………………………… 187
5.5.8 步骤 7-在 Azure 容器实例上将模型部署为 Web 服务 ………… 187
5.5.9 步骤 8-使用 WebService 推理 BERT 模型 ……………………… 188

第 6 章 ONNX 创新开发案例分析

6.1 FedAS：弥合个性化联合学习中的不一致性 …………………… 190
6.1.1 概述 ………………………………………………………………… 190
6.1.2 技术分析 …………………………………………………………… 190
6.1.3 结论 ………………………………………………………………… 191

6.2 快照压缩成像的双先验展开 … 192
6.2.1 概述 … 192
6.2.2 技术分析 … 192
6.2.3 结论 … 193

6.3 利用光谱空间校正改进光谱快照重建 … 193
6.3.1 概述 … 193
6.3.2 技术分析 … 193
6.3.3 结论 … 194

6.4 基于位平面切片的学习型无损图像压缩 … 194
6.4.1 概述 … 194
6.4.2 技术分析 … 195
6.4.3 结论 … 195

6.5 LiDAR4D：用于新型时空观激光雷达合成的动态神经场 … 195
6.5.1 概述 … 195
6.5.2 技术分析 … 196
6.5.3 结论 … 196

6.6 用于图像恢复的具有注意特征重构的自适应稀疏变换器 … 197
6.6.1 概述 … 197
6.6.2 技术分析 … 197
6.6.3 结论 … 198

6.7 面向目标检测中边界不连续性问题的再思考 … 198
6.7.1 概述 … 198
6.7.2 技术分析 … 199
6.7.3 结论 … 199

6.8 综合、诊断和优化：迈向精细视觉语言理解 … 200
6.8.1 概述 … 200
6.8.2 技术分析 … 200
6.8.3 结论 … 201

6.9 光谱和视觉光谱偏振真实数据集 … 201
6.9.1 概述 … 201
6.9.2 技术分析 … 202
6.9.3 结论 … 203

6.10 CoSeR 桥接图像和语言以实现认知超分辨率 … 204
6.10.1 概述 … 204
6.10.2 技术分析 … 204
6.10.3 结论 … 212

6.11 SAM-6D：分段任意模型满足零样本 6D 对象姿态估计 …… 213
6.11.1 概述 …… 213
6.11.2 技术分析 …… 213
6.11.3 结论 …… 214

6.12 NeISF：用于几何和材料估计的神经入射斯托克斯场 …… 215
6.12.1 概述 …… 215
6.12.2 技术分析 …… 215

6.13 Monkey 图像分辨率和文本标签是大型多模态模型的重要内容 …… 217
6.13.1 概述 …… 217
6.13.2 技术分析 …… 218
6.13.3 结论 …… 219

6.14 CorrMatch：通过相关性匹配进行标签传播，用于半监督语义分割 …… 219
6.14.1 概述 …… 219
6.14.2 技术分析 …… 220

6.15 VCoder：多模态大型语言模型的多功能视觉编码器 …… 220
6.15.1 概述 …… 220
6.15.2 技术分析 …… 220
6.15.3 结论 …… 221

参考文献

第1章

ONNX安装与使用

1.1 安装 ONNX 运行时（ORT）

1.1.1 环境要求

所有版本都需要带有 en_US. UTF-8 区域设置的英语语言包。在 Linux 上，运行 locale-gen en_US. UTF-8 和 update-locale LANG＝en_US. UTF-8 命令，安装语言包 language-pack-en。

在 Windows 环境下需要安装 Visual C++，建议使用最新版本。

若要使用 ONNX Runtime GPU 包，需要安装 CUDA 和 cuDNN，同时检查对 CUDA 和 cuDNN 兼容版本的要求。有如下注意事项：

① cuDNN 8. x需要安装 ZLib。按照 cuDNN 8.9 安装指南，在 Linux 或 Windows 中安装 ZLib。官方 GPU 包不支持 cuDNN 9. x。

② CUDA 的 bin 目录路径必须添加到 PATH 环境变量中。

③ 在 Windows 中，cuDNN 的 bin 目录路径必须添加到 PATH 环境变量中。

1.1.2 使用 Python 安装 ONNX

(1) 安装 ONNX 运行时（ORT）

① 安装 ONNX 运行时 CPU 的命令：

```
pip install onnxruntime
```

② 安装 ONNX 运行时 GPU(CUDA 12. x)。ONNX 1.19.0 以上版本的 onnxruntime-gpu 支持的默认 CUDA 版本为 12. x，安装命令：

```
pip install onnxruntime-gpu
```

如果要使用以前的版本，可以下载版本 1.18.1、1.18.0。

③ 安装 ONNX 运行时 GPU(CUDA 11. x)。对于 CUDA 11. x，可使用以下命令从

1.9 或更高版本的 ORT Azure Devops Feed 安装：

```
pip install onnxruntime-gpu--extra-index-url
```

④ 安装 ONNX 运行时 GPU(ROCm)。对于 ROCm，可按照 AMD ROCm 安装文档中的说明进行安装。ONNX Runtime 的 ROCm 执行支持程序是使用 ROCm 6.0.0 构建和测试的。

要在 Linux 上从源代码开始构建，可按照参考说明进行操作。

（2）安装 ONNX

安装命令如下：

```
# # ONNX 内置于 PyTorch 中
pip install torch
# # TensorFlow
pip install tf2onnx
# # sklearn
pip install skl2onnx
```

1.1.3 使用 C# /C/C++/WinML 安装 ONNX

（1）安装 ONNX 运行时（ORT）

① 安装 ONNX 运行时 CPU，命令如下：

```
# CPU
dotnet add package Microsoft.ML.OnnxRuntime
```

② 安装 ONNX 运行时 GPU(CUDA 12.x)。ORT 的默认 CUDA 版本为 12.x，安装命令：

```
# GPU
dotnet add package Microsoft.ML.OnnxRuntime.Gpu
```

③ 安装 ONNX 运行时 GPU（CUDA 11.8）。

a. 项目设置。确保已从其 Github Repo 安装了最新版本的 Azure Artifacts 密钥环。将 nuget.config 文件添加到与 .csproj 文件位于同一目录中的项目中。nuget.config 文件写入如下内容：

```
<?xml version="1.0" encoding="utf-8"?>
<configuration>
    <packageSources>
        <clear/>
        <add key="onnxruntime-cuda-11"
value="https://aiinfra.pkgs.visualstudio.com/PublicPackages/_packaging/onnxruntime-cuda-11/nuget/v3/index.json"/>
    </packageSources>
</configuration>
```

b. 还原软件包。使用交互式标志，允许 .net 提示输入凭据以便还原包。命令如下：

```
dotnet add package Microsoft.ML.OnnxRuntime.Gpu
注意,不需要每次都交互。如果需要更新凭据,.net 将设置为 add-interactive。
# DirectML
dotnet add package Microsoft.ML.OnnxRuntime.DirectML
# WinML
dotnet add package Microsoft.AI.MachineLearning
```

（2）在网络和移动设备上安装

预构建的软件包支持所有 ONNX OpSets 和运算符。如果预构建包太大，可以自定义构建。自定义构建可以仅在模型中包含 OpSets 和运算符，以减小预构建包大小。

① JavaScript 安装。

a. 安装 ONNX 运行时 Web（浏览器），命令如下：

```
# 安装最新版本
npm install onnxruntime-web
# 安装夜间构建开发设备版本
npm install onnxruntime-web@dev
```

b. 安装 ONNX 运行时 Node.js 绑定（Node.js），命令如下：

```
# 安装最新版本
npm install onnxruntime-node
```

c. 为 React Native 安装 ONNX 运行时，命令如下：

```
# 安装最新版本
npm install onnxruntime-react-native
```

② 在 iOS 上安装。在 CocoaPods Podfile 中添加 onnxruntime-c 或 onnxruntime-objc，具体取决于要使用的 API。

a. C/C++环境下安装命令如下：

```
use_frameworks!
pod 'onnxruntime-c'
```

b. Objective-C 环境下安装命令如下：

```
use_frameworks!
pod 'onnxruntime-objc'
run pod install。
```

c. 自定义构建。参阅创建自定义 iOS 软件包的说明。

③ 在 Android 上安装。

a. Java/Kotlin 环境下安装。在 Android Studio 项目中，对 build.gradle 内容进行以下

更改：

```
repositories{
    mavenCentral()
}
# build.gradle(Module):
dependencies{
    implementation'com.microsoft.onnxruntime:onnxruntime-android:latest.release'
}
```

b. C/C++环境下安装。下载 MavenCentral 托管的 onnxruntime android.AAR，将文件扩展名从.AAR更改为.zip，然后解压缩。NDK项目中包括headers文件夹中的头文件和jni文件夹中的相关libonnxruntime.so动态库。

(3) 创建自定义训练构建

如果预构建的训练包支持模型太大，可以创建自定义训练构建。

① 离线阶段——准备训练，命令如下：

```
python-m pip install cerberus flatbuffers h5py numpy>=1.16.6 onnx packaging protobuf sympy setuptools>=41.4.0
    pip install-i https://aiinfra.pkgs.visualstudio.com/PublicPackages/_packaging/ORT/pypi/simple/onnxruntime-training-cpu
```

② 训练阶段——设备上训练。ONNX设备上的训练清单见表1-1。

表1-1 ONNX设备上训练清单

设备	语言	包名	安装说明
Windows	C,C++,C#	Microsoft.ML.OnnxRuntime.Training	dotnet add package Microsoft.ML.OnnxRuntime.Training
Linux	C,C++	onnxruntime-training-linux*.tgz	①下载*.tgz文件。 ②解压缩。 ③在include目录下增减include头文件。 ④将libonnxruntime.so动态库移动到所需的路径并包含它
	Python	onnxruntime-training	pip install onnxruntime-training
Android	C,C++	onnxruntime-training-android	①下载托管在Maven Central的onnxruntime-training-android(full package).AAR。 ②将文件扩展名从.AAR更改为.zip，然后解压缩。 ③包含headers文件夹中的头文件。 ④在NDK项目的jni文件夹中包含相关的libonnxruntime.so动态库

	Java/Kotlin	onnxruntime-training-android	在Android Studio项目中，对build.gradle内容进行以下更改：
			repositories{
			    mavenCentral()
			}

续表

设备	语言	包名	安装说明

Android	Java/Kotlin	onnxruntime-training-android	build.gradle(Module):
			dependencies{
			    implementation 'com.microsoft.onnxruntime:onnxruntime-training-android:latest.release'
			}

iOS	C,C++	CocoaPods：onnxruntime-training-c	①在 CocoaPods Podfile 中，增加 onnxruntime-training-c pod：use_frameworks! pod 'onnxruntime-training-c' ②运行 pod install
iOS	Objective-C	CocoaPods：onnxruntime-training-objc	①在 CocoaPods Podfile 中，增加 onnxruntime-training-objc pod：use_frameworks! pod 'onnxruntime-training-objc' ②运行 pod install
Web	JavaScript,TypeScript	onnxruntime-web	Npm 安装 onnxruntime-web，要么使用 import * as ort from 'onnxruntime-web/training'，要么使用 const ort = require('onnxruntime-web/training')

(4) 安装大模型训练包

命令如下：

```
pip install torch-ort
python -m torch_ort.configure
```

该命令将安装映射到 CUDA 库特定版本的 torch ort 和 onnxruntime 训练包的默认版本。

(5) 不同语言环境的安装依赖

ONNX 安装依赖项见表 1-2。

表 1-2　ONNX 安装依赖项

语言	正式安装	夜间构建
Python	如果使用 pip，运行 pip install--upgrade pip prior to downloading	
Python	CPU：onnxruntime	ort-nightly(dev)
Python	GPU(CUDA/TensorRT)for CUDA 12.x：onnxruntime-gpu	ort-nightly-gpu(dev)
Python	GPU(CUDA/TensorRT)for CUDA 11.x：onnxruntime-gpu	ort-nightly-gpu(dev)
Python	GPU(DirectML)：onnxruntime-directml	ort-nightly-directml(dev)
Python	OpenVINO：intel/onnxruntime-Intel 管理	
Python	TensorRT(Jetson)：Jetson Zoo-NVIDIA 管理	
Python	Azure(Cloud)：onnxruntime-azure	
C#/C/C++	CPU：Microsoft.ML.OnnxRuntime	ort-nightly(dev)
C#/C/C++	GPU(CUDA/TensorRT)：Microsoft.ML.OnnxRuntime.Gpu	ort-nightly(dev)
C#/C/C++	GPU(DirectML)：Microsoft.ML.OnnxRuntime.DirectML	ort-nightly(dev)
WinML	Microsoft.AI.MachineLearning	ort-nightly(dev)

续表

语言	正式安装	夜间构建
Java	CPU：com.microsoft.onnxruntime：onnxruntime	
	GPU（CUDA/TensorRT）：com.microsoft.onnxruntime：onnxruntime_gpu	
Android	com.microsoft.onnxruntime：onnxruntime-android	
iOS（C/C++）	CocoaPods：onnxruntime-c	
Objective-C	CocoaPods：onnxruntime-objc	
ReactNative	onnxruntime-react-native（latest）	onnxruntime-react-native（dev）
Node.js	onnxruntime-node（latest）	onnxruntime-node（dev）
Web	onnxruntime-web（latest）	onnxruntime-web（dev）

1.2　使用 ONNX 运行时

1.2.1　在 Python 中使用 ONNX 运行时

本小节是 ONNX 的快速指南，以帮助读者快速入门 ONNX 模型序列化和 ORT 推理。

安装 ONNX 后可以将框架训练模型导出为 ONNX 格式，并使用任何支持的 ONNX 运行时语言进行推理。

① PyTorch CV。将 PyTorch CV 模型导出为 ONNX 格式，然后使用 ORT 进行推理。

a. 使用 torch.onnx.export 导出模型，代码如下：

```
torch.onnx.export(model,                    # 正在运行的模型
    torch.randn(1,28,28).to(device),        # 模型输入(或多个输入的元组)
    "fashion_mnist_model.onnx",             # 保存模型的位置(可以是文件或类文件对象)
    input_names=['input'],                  # 模型的输入名称
    output_names=['output'])                # 模型的输出名称
```

b. 使用 onnx.load 加载 ONNX 模型，代码如下：

```
import onnx
onnx_model=onnx.load("fashion_mnist_model.onnx")
onnx.checker.check_model(onnx_model)
```

c. 使用 ort.InferenceSession 创建推理会话，代码如下：

```
import onnxruntime as ort
import numpy as np
x,y=test_data[0][0],test_data[0][1]
```

```
ort_sess=ort.InferenceSession('fashion_mnist_model.onnx')
outputs=ort_sess.run(None,{'input':x.numpy()})   # 输出结果
predicted,actual=classes[outputs[0][0].argmax(0)],classes[y]
print(f'Predicted:{predicted},Actual:{actual}')
```

② PyTorch NLP。将 PyTorch NLP 模型导出为 ONNX 格式，然后使用 ORT 进行推理。根据 PyTorch 教程，创建 AG News 模型代码。

a. 处理文本并创建示例数据输入和偏移量以供导出，代码如下：

```
import torch
text="新闻文章中的文字"
text=torch.tensor(text_pipeline(text))
offsets=torch.tensor([0])
```

b. 输出模型，代码如下：

```
# 导出模型
torch.onnx.export(model,                        # 正在运行的模型
    (text,offsets),                             # 模型输入(或用于多个输入的元组)
    "ag_news_model.onnx",                       # 保存模型的位置(可以是文件或类似文件
                                                #   的对象)
    export_params=True,                         # 将训练好的参数权重存储在模型文件中
    opset_version=10,                           # 要将模型导出到的 ONNX 版本
    do_constant_folding=True,                   # 是否执行常量折叠以进行优化
    input_names=['input','offsets'],            # 模型输入名
    output_names=['output'],                    # 模型输出名
    dynamic_axes={'input':{0:'batch_size'},     # 可变长度轴
    'output':{0:'batch_size'}})
```

c. 使用 onnx.load 加载模型，代码如下：

```
import onnx
onnx_model=onnx.load("ag_news_model.onnx")
onnx.checker.check_model(onnx_model)
```

d. 使用 ort.InferenceSession 创建推理会话，代码如下：

```
import onnxruntime as ort
import numpy as np
ort_sess=ort.InferenceSession('ag_news_model.onnx')
outputs=ort_sess.run(None,{'input':text.numpy(),
                           'offsets':torch.tensor([0]).numpy()})
# 输出结果
result=outputs[0].argmax(axis=1)+1
print("这是%s消息"%ag_news_label[result[0]])
```

③ TensorFlow CV。将 TensorFlow CV 模型导出为 ONNX 格式，然后使用 ORT 进行推理。使用的模型来自 Keras resnet50 的 GitHub。

a. 获取预训练模型，代码如下：

```python
import os
import tensorflow as tf
from tensorflow.keras.applications.resnet50 import ResNet50
import onnxruntime
model=ResNet50(weights='imagenet')
preds=model.predict(x)
print('Keras Predicted:',decode_predictions(preds,top=3)[0])
model.save(os.path.join("/tmp",model.name))
```

b. 将模型转换为 ONNX 并导出，代码如下：

```python
import tf2onnx
import onnxruntime as rt
spec=(tf.TensorSpec((None,224,224,3),tf.float32,name=input),)
output_path=model.name+.onnx
model_proto,_=tf2onnx.convert.from_keras(model,input_signature=spec,opset=13,output_path=output_path)
output_names=[n.name for n in model_proto.graph.output]
```

c. 使用 rt.InferenceSession 创建推理会话，代码如下：

```python
providers=['CPUExecutionProvider']
m=rt.InferenceSession(output_path,providers=providers)
onnx_pred=m.run(output_names,{input:x})
print('ONNX 预测:',decode_predictions(onnx_pred[0],top=3)[0])
```

d. 利用 SciKit 学习 CV。将 SciKit Learn CV 模型导出为 ONNX 格式，然后使用 ORT 进行推理。这里使用了著名的虹膜数据集，代码如下：

```python
from sklearn.datasets import load_iris
from sklearn.model_selection import train_test_split
iris=load_iris()
x,y=iris.data,iris.target
X_train,X_test,y_train,y_test=train_test_split(x,y)
from sklearn.linear_model import LogisticRegression
clr=LogisticRegression()
clr.fit(X_train,y_train)
print(clr)
LogisticRegression()
```

④ 使用 ONNX 部署模型。

a. 将模型转换或导出为 ONNX 格式，代码如下：

```
from skl2onnx import convert_sklearn
from skl2onnx.common.data_types import FloatTensorType
initial_type=[('float_input',FloatTensorType([None,4]))]
onx=convert_sklearn(clr,initial_types=initial_type)
with open(logreg_iris.onnx,wb)as f:
f.write(onx.SerializeToString())
```

b. 使用ONNX Runtime加载并运行模型，使用ONNX run来计算机器学习模型的预测结果，代码如下：

```
import numpy
import onnxruntime as rt
sess=rt.InferenceSession(logreg_iris.onnx)
input_name=sess.get_inputs()[0].name
pred_onx=sess.run(None,{input_name:X_test.astype(numpy.float32)})[0]
print(pred_onx)
输出：
[0 1 0 0 1 2 2 0 0 2 1 0 2 2 1 1 2 2 2 0 2 2 1 2 1 1 1 0 2 1 1 1 0 1 0 0 1]
```

c. 获取预测类。可在列表中指定其名称，可以更改代码，以获得一个特定的输出。代码如下：

```
import numpy
import onnxruntime as rt
sess=rt.InferenceSession(logreg_iris.onnx)
input_name=sess.get_inputs()[0].name
label_name=sess.get_outputs()[0].name
pred_onx=sess.run(
    [label_name],{input_name:X_test.astype(numpy.float32)})[0]
print(pred_onx)
```

⑤ 构建说明。如果要使用pip，可在下载之前运行pip install--upgrade pip对pip进行升级。ONNX支持的平台、工件与描述（Python环境）见表1-3。

表1-3 ONNX支持的平台、工件与描述（Python环境）

工件	描述	支持的平台
onnxruntime	CPU（发布）	Windows(x64),Linux(x64,ARM64),Mac(X64)
ort-nightly	CPU(Dev)	
onnxruntime-gpu	GPU（发布）	Windows(x64),Linux(x64,ARM64)
ort-nightly-gpu for CUDA 11	GPU（设备）	Windows(x64),Linux(x64,ARM64)
ort-nightly-gpu for CUDA 12	GPU（设备）	Windows(x64),Linux(x64,ARM64)

a. 在安装夜间软件包之前，需要先安装依赖项，命令如下：

```
python-m pip install coloredlogs flatbuffers numpy packaging protobuf sympy
```

b. 为 CUDA 11 安装 ort-nightly-gpu 的命令如下：

```
python-m pip install ort-nightly-gpu--index-url=https://aiinfra.pkgs.visualstudio.com/PublicPackages/_packaging/ort-cuda-11-nightly/pypi/simple/
```

c. 为 CUDA 12 安装 ort-nightly-gpu 的命令如下：

```
python-m pip install ort-nightly-gpu--index-url=https://aiinfra.pkgs.visualstudio.com/PublicPackages/_packaging/ORT-Nightly/pypi/simple/
```

1.2.2 在 C++ 中使用 ONNX 运行时

ONNX 支持的平台、工件与描述（C++环境）见表 1-4。

表 1-4 ONNX 支持的平台、工件与描述（C++＋环境）

工件	描述	支持的平台
Microsoft.ML.OnnxRuntime	CPU（发布）	Windows，Linux，Mac，X64，X86（仅 Windows），ARM64（仅 Windows）…
Microsoft.ML.OnnxRuntime.Gpu	GPU-CUDA（发布）	Windows，Linux，Mac，X64…
Microsoft.ML.OnnxRuntime.DirectML	GPU-DirectML（发布）	Windows 10 1709 版本以上
ort-nightly	CPU、GPU（设备）、CPU（设备训练）	与发布版本相同
Microsoft.ML.OnnxRuntime.Training	CPU 设备上训练（发布）	Windows，Linux，Mac，X64，X86（仅 Windows），ARM64（仅 Windows）…

1.3 构建 ONNX 运行时

1.3.1 构建 ONNX 运行时的方式

如果需要访问已发布包中尚未包含的功能，可从源代码构建 ONNX 运行时。对于生产部署，强烈建议仅从官方发布分支进行构建。

（1）构建 ONNX 运行时以进行推理

构建 ONNX 运行时执行推理，有以下注意事项：需要读者提前了解：

① 查看源代码树的方法：

```
git clone--recursive https://github.com/Microsoft/onnxruntime.git
cd onnxruntime
```

② 构建前应安装 Python 3.x。应安装 cmake-3.27 或更高版本。在 Windows 上可运行如下命令进行安装：

```
python-m pip install cmake
where cmake
```

如果上述命令失败，可从官网手动获取 cmake。

运行命令 cmake-version 以验证安装是否成功。

③ 在不同操作系统中的构建说明。

a. Windows。打开要使用的 Visual Studio 版本的开发人员命令提示符，正确设置环境，包括编译器、链接器、实用程序和头文件的路径四部分。执行以下命令：

```
.\build.bat--config RelWithDebInfo--build_shared_lib--parallel--compile_no_warning_as_error--skip_submodule_sync
```

默认的 Windows CMake 生成器是 Visual Studio 2022。若使用 Visual Studio 2019，可添加命令：

```
cmake_generator Visual Studio 16 2019
```

建议使用 Visual Studio 2022。

如果想在 Windows ARM64 机器上构建 ARM64 二进制文件，可以使用上面的相同命令，但要确保 Visual Studio、CMake 和 Python 都是 ARM64 版本。如果想在 Windows x86 机器上交叉编译 ARM32、ARM64 或 ARM64EC 二进制文件，需要在上面的构建命令中添加-arm、-arm64 或-arm64ec。当在没有-arm、-arm64 或-arm64ec 参数的 x86 Windows 上构建时，如果 Python 是 64 位，则构建的二进制文件将是 64 位；如果 Python 是 32 位，则为 32 位。

b. Linux。执行以下命令：

```
./build.sh--config RelWithDebInfo--build_shared_lib--parallel--compile_no_warning_as_error--skip_submodule_sync
```

c. macOS。默认情况下，ONNX Runtime 配置为针对最低目标 macOS 版本 10.12 构建。Nuget 版本中的共享库和 Python 可以安装在 macOS 10.12＋版本上。

如果想使用 Xcode 为 x86_64 macOS 构建 onnxruntime，可在命令行中添加--use_Xcode 参数。如果没有此标志，默认情况下 cmake 构建生成器是 Unix makefile。

Mac 电脑要么是基于 Intel 芯片，要么是基于 Apple 芯片。默认情况下，ONNX 运行时的构建脚本只为构建机器的 CPU ARCH 生成位码。如果想进行交叉编译，即在基于 Intel 的 Mac 计算机上生成 ARM64 二进制文件，或者在使用 Apple 芯片的 Mac 系统上生成 x86 二进制文件，可以设置 CMAKE_OSX_ARCHITECTURES CMAKE 变量。

针对 Intel 芯片 CPU 的构建：

```
./build.sh--config RelWithDebInfo--build_shared_lib--parallel--compile_no_warning_as_error--skip_submodule_sync--cmake_extra_defines CMAKE_OSX_ARCHITECTURES=x86_64
```

针对 Apple 芯片 CPU 的构建：

```
./build.sh--config RelWithDebInfo--build_shared_lib--parallel--compile_no_warning_as_error--skip_submodule_sync--cmake_extra_defines CMAKE_OSX_ARCHITECTURES=arm64
```

同时为两者构建：

```
./build.sh--config RelWithDebInfo--build_shared_lib--parallel--compile_no_warning_as_error--skip_submodule_sync--cmake_extra_defines CMAKE_OSX_ARCHITECTURES="x86_64;arm64"
```

同时为两者构建的命令将为两种 CPU 架构生成一个通用二进制文件。

注意：在进行交叉编译时，由于 CPU 指令集不兼容，将跳过单元测试。

④ AIX。在 AIX 中，可以使用以下方式构建 64 位的 ONNX 运行时。

a. 使用 IBM Open XL 编译器工具链。所需的 AIX 操作系统版本最低为 7.2，同时需要有 17.1.2 编译器 PTF5（17.1.2.5）版本。

b. 使用 GNU GCC 编译器工具链。所需的 AIX 操作系统版本最低为 7.3，同时需要安装 GCC 10.3 以上版本。

对于 IBM Open XL，可使用以下命令导出环境设置：

```
ulimit-m unlimited
ulimit-d unlimited
ulimit-n 2000
ulimit-f unlimited
export OBJECT_MODE=64
export BUILD_TYPE=Release
export CC="/opt/IBM/openxlC/17.1.2/bin/ibm-clang"
export CXX="/opt/IBM/openxlC/17.1.2/bin/ibm-clang++_r"
export CFLAGS="-pthread-m64-D_ALL_SOURCE-mcmodel=large-Wno-deprecate-lax-vec-conv-all-Wno-unused-but-set-variable-Wno-unused-command-line-argument-maltivec-mvsx-Wno-unused-variable-Wno-unused-parameter-Wno-sign-compare"
export CXXFLAGS="-pthread-m64-D_ALL_SOURCE-mcmodel=large-Wno-deprecate-lax-vec-conv-all-Wno-unused-but-set-variable-Wno-unused-command-line-argument-maltivec-mvsx-Wno-unused-variable-Wno-unused-parameter-Wno-sign-compare"
export LDFLAGS="-L$PWD/build/Linux/$BUILD_TYPE/-lpthread"
export LIBPATH="$PWD/build/Linux/$BUILD_TYPE/"
```

对于 GCC，可使用以下命令导出环境设置：

```
ulimit-m unlimited
ulimit-d unlimited
ulimit-n 2000
ulimit-f unlimited
export OBJECT_MODE=64
```

```
export BUILD_TYPE=Release
export CC=gcc
export CXX=g++
export CFLAGS="-maix64-pthread-DFLATBUFFERS_LOCALE_INDEPENDENT=0-maltivec-mvsx-Wno-unused-function-Wno-unused-variable-Wno-unused-parameter-Wno-sign-compare-fno-extern-tls-init-Wl,-berok"
export CXXFLAGS="-maix64-pthread-DFLATBUFFERS_LOCALE_INDEPENDENT=0-maltivec-mvsx-Wno-unused-function-Wno-unused-variable-Wno-unused-parameter-Wno-sign-compare-fno-extern-tls-init-Wl,-berok"
export LDFLAGS="-L$PWD/build/Linux/$BUILD_TYPE/-Wl,-bbigtoc-lpython3.9"
export LIBPATH="$PWD/build/Linux/$BUILD_TYPE"
```

要启动构建,可运行以下命令:

```
./build.sh \
--config $BUILD_TYPE\
--build_shared_lib \
--skip_submodule_sync \
--cmake_extra_defines CMAKE_INSTALL_PREFIX=$PWD/install \
--parallel
```

如果要在自定义目录中安装软件包,可将目录位置作为 CMAKE_install_PREFIX 的值。在使用 IBM Open XL 编译器工具链的情况下,在 AIX 7.2 中可能会缺少 ORT 所需的一些运行时库,如 libunvel.a。要解决此问题,可以安装相关的文件集。

parallel 选项适用于并行构建,如果系统没有为每个 CPU 核心提供足够的内存,那么可以跳过此选项。

如果 root 用户正在触发构建,则需要运行 allow_running_as_root 命令。

⑤ 说明。

a. 这些指令构建的不同调试版本有性能上的差异。-config 参数有四个有效值: Debug、Release、RelWithDebInfo 和 MinSizeRel。与 Release 相比,RelWithDebInfo 不仅有调试信息,还禁用了一些内联,使二进制文件更容易调试。因此,RelWithDebInfo 比 Release 慢。

b. 要在不同系统(包括 Windows、Linux 和 Mac 变体)上构建时,可参阅 .yml 文件。

c. 对于本机构建,构建脚本默认运行所有单元测试;对于交叉编译的构建,默认跳过测试。要主动跳过测试,可使用--build 或--update--build 命令。

d. 如果需要从源代码安装 Protobuf,应注意:可打开 cmake/deps.txt 以检查 ONNX Runtime 的官方包使用的 Protobuf 版本。当静态链接 Protobuf 时,在 Windows 上,Protobuf 的 CMake 标志 protobuf_BUILD_SHARED_LIBS 应关闭;在 Linux 上,如果该选项关闭,还需要确保启用了 PIC。安装后,应该在 PATH 中有 protocol 可执行文件。建议运行 ldconfig 命令以确保找到 Protobuf 库。如果将 Protobuf 安装在非标准位置,则设置以下环境变量会有所帮助:

```
export CMAKE_ARGS="-DONNX_CUSTOM_PROTOC_EXECUTABLE=协议的完整路径"
```

以便 ONNX 构建时可以找到 Protobuf。还可以运行 ldconfig＜protobuf lib folder path＞命令，以便链接器可以找到 Protobuf 库。想从源代码安装 ONNX，可先安装 Protobuf，然后执行以下命令：

```
export ONNX_ML=1
python3 setup.py bdist_wheel
pip3 install --upgrade dist/*.whl
```

最好在开始构建 ONNX Runtime 之前卸载已安装的 Protobuf，尤其是在安装了与 ONNX Runtime 不同的 Protobuf 版本情况下。

⑥ 支持的架构和构建环境。

a. 架构。ONNX 支持的架构见表 1-5。

表 1-5 ONNX 支持的架构

操作系统	x86_32	x86_64	ARM32v7	ARM64	PPC64LE	RISCV64	PPC64BE
Windows	是	是	是	是	否	否	否
Linux	是	是	是	是	是	是	否
macOS	否	是	否	否	否	否	否
Android	否	否	是	是	否	否	否
iOS	否	否	否	是	否	否	否
AIX	否	否	否	否	否	否	是

b. 构建环境（主机）。ONNX 支持的构建环境见表 1-6。

表 1-6 ONNX 支持的构建环境

操作系统	支持 CPU	支持 GPU	说明
Windows 10	是	是	支持 VS2019 至最新的 VS2022
Windows 10 Linux 子系统	是	否	
Ubuntu 20.x/22.x	是	是	也支持 ARM32v7（实验版）
CentOS 7/8/9	是	是	也支持 ARM32v7（实验版）
macOS	是	否	

GCC 8.x 及以下版本不受支持。

如果想为 32 位架构构建二进制文件，则必须进行交叉编译，因为 32 位编译器可能没有足够的内存来运行构建。不支持在 Android/iOS 上构建代码，需要使用 Windows、Linux 或 macOS 设备来执行此操作。

ONNX 构建代码的设备与软件环境见表 1-7。

表1-7 ONNX构建代码的设备与软件环境

操作系统/编译器	支持VC	支持GCC	支持Clang
Windows 10	是	没有测试过	没有测试过
Linux	否	是(GCC版本大于8)	没有测试过
macOS	否	没有测试过	是(未确定所需的最低版本)

⑦ 目标环境。可以在以下环境中构建ONNX：

a. Windows

b. Linux

c. macOS

d. Android

e. iOS

f. WebAssembly

运行时：

a. 支持的最低Windows版本是Windows 10。

b. CentOS的最低支持版本为7。

c. Ubuntu的最低支持版本为16.04。

⑧ 通用构建说明。ONNX通用构建信息说明见表1-8。

表1-8 ONNX通用构建信息说明

描述	命令	补充说明
基础构建	build.bat(Windows)；./build.sh(Linux)	
发布构建	--config Release	发布版本。其他有效的配置值是RelWithDebInfo和Debug
并行处理构建	--parallel	强烈建议这样做以加快构建速度
共享库构建	--build_shared_lib	
使能训练支持	--enable_training	

⑨ API和语言绑定。ONNX API和语言绑定命令见表1-9。

表1-9 ONNX API和语言绑定命令

语言	命令	补充说明
Python	--build_wheel	
C#和C Nuget包	--build_nuget	构建C#绑定并创建Nuget包；implies--build_shared_lib
WindowsML	--use_winml--use_dml；--build_shared_lib	WindowsML依靠DirectML和ONNX Runtime共享库
Java	--build_java	在构建目录中创建；implies--build_shared_lib。编译Java API除了通常的要求外，还需要安装gradle v6.1+
Node.js	--build_nodejs	构建Node.js绑定；implies--build_shared_lib

⑩ 构建Nuget包说明目前仅支持Windows和Linux。

a. Windows 环境下命令：

```
.\build.bat--build_nuget
```

b. Linux 环境下命令：

```
./build.sh--build_nuget
```

Nuget 包是在工程下创建的。

(2) 构建示例

使用 scikit-learn 简要创建一个管道（Pipeline），将其转换为 ONNX 格式，并运行第一个预测。步骤如下：

① 使用最优框架训练模型，代码如下：

```
from sklearn.datasets import load_iris
from sklearn.model_selection import train_test_split
iris=load_iris()
x,y=iris.data,iris.target
X_train,X_test,y_train,y_test=train_test_split(x,y)
from sklearn.linear_model import LogisticRegression
clr=LogisticRegression()
clr.fit(X_train,y_train)
print(clr)
LogisticRegression()
```

② 将模型转换或导出为 ONNX 格式。ONNX 是一种描述机器学习模型的格式。它定义了一组常用的运算符来组合模型。使用 ONNX 机器学习工具，可以将其他模型格式转换为 ONNX。代码如下：

```
from skl2onnx import convert_sklearn
from skl2onnx.common.data_types import FloatTensorType
initial_type=[('float_input',FloatTensorType([None,4]))]
onx=convert_sklearn(clr,initial_types=initial_type)
with open("logreg_iris.onnx","wb")as f:
    f.write(onx.SerializeToString())
```

③ 使用 ONNX Runtime 加载并运行模型，代码如下：

```
import numpy
import onnxruntime as rt
sess=rt.InferenceSession("logreg_iris.onnx",providers=rt.get_available_providers())
input_name=sess.get_inputs()[0].name
pred_onx=sess.run(None,{input_name:X_test.astype(numpy.float32)})[0]
print(pred_onx)
>>>
    [2 0 1 1 2 1 1 0 1 1 2 0 1 2 1 2 0 0 0 2 0 2 0 2 1 0 0 2 2 1 2 0 2 2 1 1 2 2]
```

在列表中指定名称,以获得一个特定的输出,修改以上代码如下:

```
import numpy
import onnxruntime as rt
sess=rt.InferenceSession("logreg_iris.onnx",providers=rt.get_available_pro-
viders())
input_name=sess.get_inputs()[0].name
label_name=sess.get_outputs()[0].name
pred_onx=sess.run([label_name],{input_name:X_test.astype(numpy.float32)})[0]
print(pred_onx)
>>>
    [2 0 1 1 2 1 1 0 1 1 2 0 1 2 1 2 0 0 0 2 0 2 0 2 1 0 0 2 2 1 2 0 2 2 1 1 2 2]
```

1.3.2 ONNX 运行时 API 概述

ONNX 运行时以 ONNX 图形格式或 ORT 格式(用于内存和磁盘受限的环境)加载模型并运行模型推理。模型消耗和生成的数据可以以最符合场景的方式指定和访问。

(1)加载并运行模型

InferenceSession 是 ONNX 运行时的主要类,用于加载和运行 ONNX 模型,以及指定环境和应用程序配置选项。示例代码如下:

```
session=onnxruntime.InferenceSession('model.onnx')
outputs=session.run([output names],inputs)
```

ONNX 和 ORT 格式模型由计算图组成,建模为运算符,并实现为针对不同硬件目标的优化运算符内核。ONNX Runtime 支持程序可协调运算符内核的执行。支持程序包含特定执行目标(CPU、GPU、IoT 等)的一组内核。支持程序是使用 providers 参数配置的,按照优先级顺序,选择来自不同执行提供者的内核。在下面的示例中,如果 CUDA 支持程序中有内核,ONNX Runtime 将在 GPU 上执行该内核;如果 CUDA 支持程序中没有内核,内核将在 CPU 上执行。

```
session=onnxruntime.InferenceSession(
model,providers=['CUDAExecutionProvider','CPUExecutionProvider']
)
```

从 ONNX Runtime 1.10 开始,必须显式指定目标的支持程序。在 CPU 上运行是 API 唯一不允许显式设置提供程序参数的情况。在以下示例中,假设应用程序在 NVIDIA GPU 上运行,则使用 CUDAExecutionProvider 和 CPUExecutionProvider,以替换为特定环境的支持程序。可以通过会话选项参数提供其他会话配置,例如要在会话上启用分析等。

```
options=onnxruntime.SessionOptions()
options.enable_profiling=True
```

```
session=onnxruntime.InferenceSession(
        'model.onnx',
        sess_options=options,
        providers=['CUDAExecutionProvider','CPUExecutionProvider'])
)
```

(2) 数据输入和输出

ONNX 运行时推理会话使用其 OrtValue 类消耗和生成数据。

(3) CPU 上的数据

在 CPU 上（默认设置），OrtValues 可以映射到原生 Python 数据结构，也可以映射到本地 Python 数据结构，如 Numpy 数组、字典和 Numpy 数组列表。示例代码如下：

```
# X 是 CPU 上的 Numpy 数组
ortvalue=onnxruntime.OrtValue.ortvalue_from_numpy(X)
ortvalue.device_name()              # 'cpu'
ortvalue.shape()                    # Numpy 数组 X 的形状
ortvalue.data_type()                # tensor(float)
ortvalue.is_tensor()                # True
np.array_equal(ortvalue.numpy(),X)  # True
# ortvalue 可以作为模型输入提要的一部分提供
session=onnxruntime.InferenceSession(
        'model.onnx',
        providers=['CUDAExecutionProvider','CPUExecutionProvider'])
)
results=session.run([Y],{X:ortvalue})
```

默认情况下，ONNX Runtime 始终将输入和输出放在 CPU 上。如果输入或输出是在 CPU 以外的设备上消耗和产生的，那么将数据放在 CPU 上可能不是最佳选择，因为这会在 CPU 和设备之间引入数据复制过程。

(4) 设备上的数据

ONNX Runtime 支持自定义数据结构，该结构支持所有 ONNX 数据格式，允许用户将支持这些格式的数据放置在设备上，例如 CUDA 支持的设备上。在 ONNX 运行时中，这称为 IOBinding 功能。

要使用 IOBinding 功能，可将 InferenceSession.run() 替换为 InferenceSession.run_with_IOBinding()。要使图形在 CPU 以外的设备上执行，例如 CUDA，用户可以使用 IOBinding 将数据复制到 GPU 上。示例代码如下：

```
# X 是 CPU 上 Numpy 数组
session=onnxruntime.InferenceSession(
        'model.onnx',
        providers=['CUDAExecutionProvider','CPUExecutionProvider'])
)
io_binding=session.io_binding()
```

```python
# 如果 CUDA 设备上的节点消耗了输入，OnnxRuntime 将把数据复制到 CUDA 设备中
io_binding.bind_cpu_input('input',X)
io_binding.bind_output('output')
session.run_with_iobinding(io_binding)
Y=io_binding.copy_outputs_to_cpu()[0]
```

输入数据和输出数据都在设备上，用户可以直接使用输入，也可以将输出放在设备上。数据有一维数组和二维数组两种情况。数据为一维数组时的示例代码如下：

```python
# X 是 CPU 上 Numpy 数组
X_ortvalue=onnxruntime.OrtValue.ortvalue_from_numpy(X,'cuda',0)
session=onnxruntime.InferenceSession(
        'model.onnx',
        providers=['CUDAExecutionProvider','CPUExecutionProvider'])
)
io_binding=session.io_binding()
io_binding.bind_input(name='input',device_type=X_ortvalue.device_name(),device_id=0,element_type=np.float32,shape=X_ortvalue.shape(),buffer_ptr=X_ortvalue.data_ptr())
io_binding.bind_output('output')
session.run_with_iobinding(io_binding)
Y=io_binding.copy_outputs_to_cpu()[0]
```

数据为二维数组时的示例代码如下：

```python
# X 是 CPU 上 Numpy 数组
X_ortvalue=onnxruntime.OrtValue.ortvalue_from_numpy(X,'cuda',0)
Y_ortvalue=onnxruntime.OrtValue.ortvalue_from_shape_and_type([3,2],np.float32,'cuda',0)
# 将形状更改为要绑定的输出的实际形状
session=onnxruntime.InferenceSession(
        'model.onnx',
        providers=['CUDAExecutionProvider','CPUExecutionProvider'])
)
io_binding=session.io_binding()
io_binding.bind_input(
        name='input',
        device_type=X_ortvalue.device_name(),
        device_id=0,
        element_type=np.float32,
        shape=X_ortvalue.shape(),
        buffer_ptr=X_ortvalue.data_ptr()
)
io_binding.bind_output(
        name='output',
```

```
        device_type=Y_ortvalue.device_name(),
        device_id=0,
        element_type=np.float32,
        shape=Y_ortvalue.shape(),
        buffer_ptr=Y_ortvalue.data_ptr()
)
session.run_with_iobinding(io_binding)
```

用户可以请求 ONNX Runtime 在设备上分配输出，这对于动态成形输出特别有用。用户可以使用 get_outputs()，访问与分配输出相对应的 OrtValue。用户可以将 ONNX 运行时分配的内存作为 OrtValue 用于输出。示例代码如下：

```
# X 是 CPU 上 Numpy 数组
X_ortvalue=onnxruntime.OrtValue.ortvalue_from_numpy(X,'cuda',0)
session=onnxruntime.InferenceSession(
        'model.onnx',
        providers=['CUDAExecutionProvider','CPUExecutionProvider'])
)
io_binding=session.io_binding()
io_binding.bind_input(
        name='input',
        device_type=X_ortvalue.device_name(),
        device_id=0,
        element_type=np.float32,
        shape=X_ortvalue.shape(),
        buffer_ptr=X_ortvalue.data_ptr()
)
# 请求 ONNX 运行时，在 CUDA 上为输出绑定和分配内存
io_binding.bind_output('output','cuda')
session.run_with_iobinding(io_binding)
# 以下调用返回一个 OrtValue,其中包含由 CUDA 上的 ONNX 运行时分配的数据
ort_output=io_binding.get_outputs()[0]
```

此外，ONNX 运行时在进行模型推理时，可直接使用 OrtValue（如果作为输入的一部分提供）。用户可以直接绑定 OrtValue，示例代码如下：

```
# X 是 CPU 上的 Numpy 数组
X_ortvalue=onnxruntime.OrtValue.ortvalue_from_numpy(X,'cuda',0)
Y_ortvalue=onnxruntime.OrtValue.ortvalue_from_shape_and_type([3,2],np.float32,'cuda',0)
# 将形状更改为要绑定输出的实际形状
session=onnxruntime.InferenceSession(
        'model.onnx',
        providers=['CUDAExecutionProvider','CPUExecutionProvider'])
```

```
)
io_binding=session.io_binding()
io_binding.bind_ortvalue_input('input',X_ortvalue)
io_binding.bind_ortvalue_output('output',Y_ortvalue)
session.run_with_iobinding(io_binding)
```

用户还可以将输入和输出直接绑定到 PyTorch 张量,示例代码如下:

```
# X是设备上 PyTorch 张量
session=onnxruntime.InferenceSession('model.onnx',providers=['CUDAExecutionProvider','CPUExecutionProvider']))
binding=session.io_binding()
X_tensor=X.contiguous()
binding.bind_input(
    name=X,
    device_type=cuda,
    device_id=0,
    element_type=np.float32,
    shape=tuple(x_tensor.shape),
    buffer_ptr=x_tensor.data_ptr(),
    )
# 为模型输出分配 PyTorch 张量
Y_shape=... # 需要指定输出 PyTorch 张量形状
Y_tensor=torch.empty(Y_shape,dtype=torch.float32,device='cuda:0').contiguous()
binding.bind_output(
    name='Y',
    device_type='cuda',
    device_id=0,
    element_type=np.float32,
    shape=tuple(Y_tensor.shape),
    buffer_ptr=Y_tensor.data_ptr(),
)
session.run_with_iobinding(binding)
```

用户可以在 ONNX 运行时推理示例中查看此 API 的代码示例。

1.3.3 API 详细信息

(1) Inference Session
定义:
class onnxruntime.InferenceSession(path_or_bytes: str | bytes | os.PathLike, sess_options: onnxruntime.SessionOptions | None = None, providers: Sequence[str | tuple[str, dict[Any, Any]]] | None = None, provider_options: Sequence[dict[Any, Any]] | None =

None，**kwargs)

这是用于运行模型的主类。

参数介绍：

① path_or_bytes：字节字符串中的文件名，用于序列化 ONNX 或 ORT 格式模型。

② sess_options：会话选项。

③ providers：程序的可选顺序，按优先级降序排列。值可以是程序名称，也可以是"程序名称、选项字典"形式的元组。如果没有指定程序，则所有可用的程序都将以默认优先级使用。

④ provider_options：程序相对应的选项字典的可选序列。应在 SessionOptions 中进行明确设置，否则将无法推理模型类型。要明确设置，可执行以下操作：

```
so=onnxruntime.SessionOptions()
# so.add_session_config_entry('session.load_model_format','ONNX')或
so.add_session_config_entry('session.load_model_format','ORT')
```

使用该设置后，文件扩展名.ort 将被推理为 ORT 格式模型，所有其他文件名都假定为 ONNX 格式模型。

providers 可以包含名称或名称和选项。当在 providers 中给出任何选项时，不应使用 provider_options。providers 列表按优先级进行排序。例如，进行［CUDAExecutionProvider、CPUExecutionProvider］表示在可能的情况下，优先使用 CUDAExecutionProvider 执行节点。

Session Options API 说明：

① disable_fallback()。禁用 session.run() 回退机制。

② enable_fallback()。启用 session.run() 回退机制。如果 session.run() 失败是由于内部支持程序故障，可重置为此会话启用的支持程序。如果启用了 GPU，可退回到 CUDAExecutionProvider，否则退回到 CPUExecutionProvider。

③ end_profiling()。结束分析并在文件中返回结果。如果调用 onnxruntime.SessionOptions.enable_profiling()，结果将存储在文件名中。

④ get_inputs()。返回元数据。

⑤ get_outputs()。以 onnxruntime.NodeArg 列表的形式返回输出元数据。

⑥ get_overridable_initializers()。以 onnxruntime.NodeArg 列表的形式返回输入（包括初始化器）元数据。

⑦ get_filing_start_time_ns()。返回性能分析开始时间的纳秒数。与 Python 3.3 之后的 time.domono_ns() 相比，在某些平台上，此时的计时器可能不如纳秒精确。例如，在 Windows 和 macOS 上，精度将为 100ns。

⑧ get_provider_options()。返回已注册的支持程序的配置。

⑨ get_provider()。返回已注册支持程序的列表。

⑩ get_session_options()。返回会话选项。

⑪ io_binding()。返回 onnxruntime.IOBinding 对象。

⑫ run(output_names，input_feed，run_options=None)。计算预测。参数介绍如下：

output_names：输出的名称。

input_feed：字典 dictionary {input_name：input_value}。

run_options：参见 onnxruntime.RunOptions。

返回：结果列表，每个结果都是 Numpy 数组、稀疏张量、列表或字典。

示例代码：

```
sess.run([output_name],{input_name:x})
```

⑬ run_async(output_names,input_feed,callback,user_data,run_options=None)。在与 ort intra-op 线程池分离的 cxx 线程中执行异步计算预测。参数介绍如下：

output_names：输出的名称。

input_feed：字典 dictionary{input_name：input_value}。

callback：接收结果数组和错误状态字符串的 Python 函数。回调将由 ort intra-op 线程池中的 cxx 线程调用。

run_options：参考 onnxruntime.RunOptions。

示例代码如下：

```
class MyData:
    def __init__(self):
    # …
    def save_results(self,results):
    # …
def callback(results:np.ndarray,user_data:MyData,err:str)->None:
    if err:
        print(err)
    else:
        # 存储结果到 user_data
sess.run_async([output_name],{input_name:x},callback)
```

⑭ run_with_iobinding(iobinding, run_options=None)。表示计算预测。参数介绍如下：

iobinding：具有图输入/输出绑定的 IOBinding 对象。

run_options：参考 onnxruntime.RunOptions。

⑮ run_with_ort_values(output_names,input_dict_ort_values,run_options=None)。同样表示计算预测。参数介绍如下：

output_names：输出名称。

input_dict_ort_values：dictionary{input_name：input_ort_value}。参阅 OrtValue 类，了解如何从 Numpy 数组或 SparseTensor 创建 OrtValue。

run_options：参考 onnxruntime.RunOptions。

返回 OrtValue 数组。

⑯ run_with_ortvaluevector(run_options,feed_names,feeds,fetch_names,fetches,fetch_devices)。计算预测。类似于其他 run_*() 方法，但具有最小的 C++/Python 转换开销。参数介绍如下：

run_options：参见 onnxruntime.RunOptions。

feed_names：输入名称列表。

feeds：输入 OrtValue 列表。

fetch_names：输出名称列表。

fetches：输出 OrtValue 的列表。

fetch_devices：输出设备列表。

⑰ set_providers(providers=None,provider_options=None)。注册执行支持程序的输入列表。基础会话已重新创建。参数介绍如下：

providers：按优先级降序排列的可选 provider 序列。值可以是程序名称，也可以是"（程序名称、选项字典）"形式的元组。如果没有指定程序，则所有可用的程序都将以默认优先级使用。

provider_options：与 provider 对应的可选选项字典序列。

provider 可以包含名称或名称和选项。当在 providers 中给出任何选项时，不应使用 provider_options。

provider 列表按优先级排序。例如，[CUDAExecutionProvider、CPUExecutionProvider] 表示在可能的情况下优先使用 CUDAExecutionProvider 执行节点。

(2) RunOptions

定义：

class onnxruntime.RunOptions（self：onnxruntime.capi.onnxruntime_pybind11_state.RunOptions）

存储单次运行的配置信息。

RunOptions API：

① add_run_config_entry(self：onnxruntime.capi.onnxruntime_pybind11_state.RunOptions,arg0:str,arg1:str)→None。表示将单个运行配置条目设置为一对字符串。

② get_run_config_entry(self：onnxruntime.capi.onnxruntime_pybind11_state.RunOptions,arg0:str)→str。表示使用给定的配置键获取单次运行配置值。

属性：

① property log_severity_level。表示信息，其中，0 表示详细，1 表示信息，2 代表警告，3 代表错误，4 代表致命。默认值为 2。用于表示记录特定 Run() 调用的严重性级别。

② property log_verbosity_level。如果 DEBUG 构建和运行 log_severity_level 为 0，则 VLOG 级别为 0。适用于特定的 Run() 调用。默认值为 0。

③ property logid。用于识别特定 Run() 调用生成的日志。

④ property only_execute_path_to_fetches。设置仅执行获取列表所需的节点。

⑤ property terminate。若设置为 True，可终止使用此 RunOptions 实例的任何当前正在执行的调用。单次调用将退出并返回错误状态。

⑥ property training_mode。选择以训练或推理模式运行。

(3) SessionOptions

定义：

class onnxruntime.SessionOptions（self：onnxruntime.capi.onnxruntime_pybind11_ state. SessionOptions)

表示会话的配置信息。

SessionOptions API：

① add_free_dimension_override_by_denotation(self：onnxruntime. capi. onnxruntime_pybind11_state. SessionOptions,arg0：str,arg1：int)→None。表示与输入的自由维度关联的每个特定维度大小。

② add_free_dimension_override_by_name(self：onnxruntime. capi. onnxruntime_pybind11_state. SessionOptions,arg0：str,arg1：int)→None。在模型输入中指定命名维度的值。

③ add_initializer(self：onnxruntime. capi. onnxruntime_pybind11_state. SessionOptions,arg0：str,arg1：object)→None。表示增加初始化语句。

④ add_session_config_entry(self：onnxruntime. capi. onnxruntime_pybind11_state. SessionOptions,arg0：str,arg1：str)→None。将单个会话配置条目设置为一对字符串。

属性：

① property enable_cpu_mem_arena。启用 CPU 上的内存竞技场。Arena 可能会预先分配内存以供将来使用。如果不需要，可将此选项设置为 False。默认值为 True。

② property enable_mem_pattern。启用内存模式优化。默认值为 True。

③ property enable_mem_reuse。启用内存重用优化。默认值为 True。

④ property enable_profiling。为此会话启用分析。默认值为 False。

⑤ property execution_mode。设置执行模式。默认为顺序执行。

⑥ property execution_order。设置执行顺序。默认为基本拓扑顺序。

(4) get_session_config_entry

定义：

get_session_config_entry(self：onnxruntime. capi. onnxruntime_pybind11_state. SessionOptions,arg0：str)→str

使用给定的配置键获取单会话配置值。

属性：

① property graph_optimization_level。此会话的图形优化级别。

② property inter_op_num_threads。设置用于并行执行图（跨节点）的线程数。默认值为 0，onnxruntime 可以选择其他值。

③ property intra_op_num_threads。设置用于在节点内并行执行的线程数。默认值为 0，onnxruntime 可以选择其他值。

④ property log_severity_level。记录严重性级别。适用于会话加载、初始化等。0 表示详细，1 表示信息，2 表示警告，3 表示错误，4 表示致命。默认值为 2。

⑤ property log_verbosity_level。如果 DEBUG 构建和会话 log_severity_level 为 0，则 VLOG 级别为 0。适用于会话加载、初始化等。默认值为 0。

⑥ property logid。用于会话输出的记录器 id。

⑦ property optimized_model_filepath。将优化模型序列化到的文件路径。除非设置了 optimized_model_filepath，否则不会序列化优化模型。序列化模型格式将默认为

ONNX。

⑧ property profile_file_prefix。配置文件的前缀。当前时间将附加到文件名后。

(5) register_custom_ops_library

定义：

register_custom_ops_library（self：onnxruntime.capi.onnxruntime_pybind11_state.SessionOptions,arg0：str）→None

指定包含运行模型所需的自定义操作内核的共享库的路径。

属性：

property use_deterministic_compute。是否使用确定性计算。默认值为False。

(6) ExecutionMode

定义：

class onnxruntime.ExecutionMode（self：onnxruntime.capi.onnxruntime_pybind11_state.ExecutionMode,value：int）

用于设置执行模式。

成员：

① ORT_SEQUENTIAL

② ORT_PARALLEL

(7) ExecutionOrder

定义：

class onnxruntime.ExecutionOrder（self：onnxruntime.capi.onnxruntime_pybind11_state.ExecutionOrder,value：int）

用于设置执行顺序。

成员：

① DEFAULT

② PRIORITY_BASED

③ MEMORY_EFFICIENT

(8) GraphOptimizationLevel

定义：

class onnxruntime.GraphOptimizationLevel（self：onnxruntime.capi.onnxruntime_pybind11_state.GraphOptimizationLevel,value：int）

用于设置图优化等级。

成员：

① ORT_DISABLE_ALL

② ORT_ENABLE_BASIC

③ ORT_ENABLE_EXTENDED

④ ORT_ENABLE_ALL

(9) OrtAllocatorType

定义：

class onnxruntime.OrtAllocatorType（self：onnxruntime.capi.onnxruntime_pybind11_state.OrtAllocatorType,value：int）

用于设置分配类型。

成员：

① INVALID

② ORT_DEVICE_ALLOCATOR

③ ORT_ARENA_ALLOCATOR

(10) OrtArenaCfg

定义：

class onnxruntime. OrtArenaCfg(*args,**kwargs)

用于设置 Arena 配置信息。

重载函数：

① __init__（self：onnxruntime. capi. onnxruntime_pybind11_state. OrtArenaCfg,arg0：int,arg1：int,arg2：int,arg3：int)->None

② __init__（self：onnxruntime. capi. onnxruntime_pybind11_state. OrtArenaCfg, arg0：dict) ->None

(11) OrtMemoryType

定义：

class onnxruntime. OrtMemoryInfo(self：onnxruntime. capi. onnxruntime_pybind11_state. OrtMemoryInfo,arg0：str,arg1：onnxruntime. capi. onnxruntime_pybind11_state. OrtAllocatorType,arg2：int,arg3：onnxruntime. capi. onnxruntime_pybind11_state. OrtMemType)

用于查询和创建 OrtAllocator 实例。

(12) OrtMemType

定义：

class onnxruntime. OrtMemType(self：onnxruntime. capi. onnxruntime_pybind11_state. OrtMemType,value：int)

Mem 类型枚举。

成员：

① CPU_INPUT

② CPU_OUTPUT

③ CPU

④ DEFAULT

(13) 其他功能

① 配置器。

onnxruntime. create_and_register_allocator（arg0：OrtMemoryInfo,arg1：OrtArenaCfg)→None

onnxruntime. create_and_register_allocator_v2(arg0：str,arg1：OrtMemoryInfo,arg2：dict[str,str],arg3：OrtArenaCfg)→None

② 遥测事件。

onnxruntime. disable_telemetry_events()→None。禁用特定平台的遥测数据采集。

onnxruntime. enable_telemetry_events()→None。在适用的情况下启用特定平台的遥

测收集。

1.4 支持程序相关 API

（1）通用 API

① onnxruntime.get_all_providers()→list[str]。返回此版本 ONNX Runtime 可以支持的支持程序列表。元素的顺序表示执行支持程序的默认优先级顺序，从高到低。

② onnxruntime.get_available_providers()→list[str]。返回已安装版本的 ONNX Runtime 中可用的支持程序列表。元素的顺序表示执行支持程序的默认优先级顺序，从高到低。

③ 构建版本信息 API：

onnxruntime.get_build_info()→str

onnxruntime.get_version_string()→str

onnxruntime.has_collective_ops()→bool

④ 设备信息：onnxruntime.get_device()→str。

返回用于计算预测的设备（CPU、MKL 等）。

⑤ 日志：

onnxruntime.set_default_logger_severity(arg0:int)→None♯。设置默认日志记录严重性。0 表示详细，1 表示信息，2 表示警告，3 表示错误，4 表示致命。

onnxruntime.set_default_logger_verbosity(arg0:int)→None。设置默认日志详细程度。要激活详细日志，需要将默认日志严重性设置为 0。

⑥ 随机数：onnxruntime.set_seed(arg0:int)→None。在 ONNX Runtime 中设置用于随机数生成的种子。

（2）数据处理 API

类定义：

class onnxruntime.OrtValue(ortvalue,numpy_obj=None)

OrtValue 是一种支持所有 ONNX 数据格式（张量和非张量）的数据结构，允许用户将支持这些格式的数据放置在设备上，例如 CUDA 支持的设备上。此类提供了构造和处理 OrtValues 的 API。

① as_sparse_tensor()。返回此 OrtValue 中包含的 SparseTensor。

② data_ptr()。返回 OrtValue 数据缓冲区中第一个元素的地址。

③ data_type()。返回 OrtValue 中数据的数据类型。

④ device_name()。返回 OrtValue 数据缓冲区所在设备的名称，例如 CPU、CUDA、CANN。

⑤ element_type()。如果 OrtValue 是张量，则返回 OrtValue 中数据的原型。

⑥ has_value()。如果与可选类型对应的 OrtValue 包含数据，则返回 True，否则返回 False。

⑦ is_sparse_tensor()。如果 OrtValue 包含 SparseTensor，则返回 True，否则返回 False。

⑧ is_tensor()。如果 OrtValue 包含张量，则返回 True，否则返回 False。

⑨ is_tensor_sequence()。如果 OrtValue 包含张量序列，则返回 True，否则返回 False。

⑩ numpy()。从 OrtValue 返回一个 Numpy 对象。仅对持有张量的 OrtValues 有效。返回持有非张量的 OrtValues。可使用访问器获取对非张量对象（如 SparseTensor）的引用。

⑪ static ort_value_from_sparse_tensor(sparse_tensor)。该函数将利用 SparseTensor 构造一个 OrtValue 实例。OrtValue 的新实例将拥有 sparse_tensor 的所有权。

⑫ static ortvalue_from_numpy(numpy_obj, device_type='cpu', device_id=0)。从给定的 Numpy 对象构造 OrtValue（包含张量）的工厂方法。只有当设备不是 CPU 时，Numpy 对象中的数据副本才会由 OrtValue 保存。参数说明如下：

- numpy_obj：用于构造 OrtValue 的 Numpy 对象。
- device_type：为 CPU、CUDA、CANN，默认为 CPU。
- device_id：设备 id，例如 0。

⑬ static ortvalue_from_shape_and_type(shape=None, element_type=None, device_type='cpu', device_id=0)。从给定形状和 element_type 构造 OrtValue（包含张量）的工厂方法。参数说明如下：

- shape：OrtValue 形状的整数列表。
- element_type：OrtValue 中元素的数据类型（Numpy 类型）。
- device_type：为 CPU、CUDA、CANN，默认为 CPU。
- device_id：设备 id，例如 0。

⑭ shape()。返回 OrtValue 中数据的形状。

⑮ update_inplace(np_arr)。使用新的 Numpy 数组更新 OrtValue。Numpy 内容被复制到支持 OrtValue 的设备内存中。它可用于在启用 CUDA 图的情况下更新 InferenceSession 的输入值，或在需要更新 OrtValue 而无法更改内存地址的其他情况下更新输入值。

(3) 稀疏张量 API

类定义：

class onnxruntime.SparseTensor(sparse_tensor)

SparseTensor 是一种用于投影 C++ SparseTensor 对象的数据结构，其提供 API 来处理该对象。根据格式的不同，类将包含多个缓冲区，具体取决于格式。

① as_blocksparse_view()。该方法将返回稀疏张量的 coo 表示，可用于查询 BlockSparse 索引。如果实例不包含 BlockSparse 格式，它将抛出异常。可以通过以下方式查询 coo 索引：

```
block_sparse_indices=sparse_tensor.as_blocksparse_view().indices()
```

该方法将返回一个由本机内存支持的 Numpy 数组。

② as_coo_view()。该方法将返回稀疏张量的 coo 表示，这可用于查询 coo 索引。如果实例不包含 coo 格式，它将抛出异常。可以通过以下方式查询 coo 索引：

```
coo_indices=sparse_tensor.as_coo_view().indices()
```

该方法将返回一个由本机内存支持的Numpy数组。

③ as_csrc_view()。该方法将返回稀疏张量的CSR(C)表示，这可用于查询CSR(C)索引。如果实例不包含CSR(C)格式，它将抛出异常。可以通过以下方式查询索引：

```
inner_ndices=sparse_tensor.as_csrc_view().inner()
outer_ndices=sparse_tensor.as_csrc_view().outer()
```

该方法返回由本机内存支持的Numpy数组。

④ data_type()。返回OrtValue中数据的字符串数据类型。

⑤ dense_shape()。返回一个Numpy数组（int64），其中包含稀疏张量的密集形状。

⑥ device_name()。返回SparseTensor数据缓冲区所在设备的名称，例如CPU、CUDA。

⑦ format()。返回OrtSparseFormat枚举。

⑧ static sparse_coo_from_numpy(dense_shape, values, coo_indices, ort_device)。从给定参数构建coo格式SparseTensor的工厂方法。参数介绍如下：

• dense_shape：1-D Numpy数组（int64）或包含稀疏张量的Python列表，必须位于CPU内存上。

• values：一个同构的、连续的1-D Numpy数组，包含某一类型张量的非零元素。

• coo_indices：包含张量coo索引的连续Numpy数组（int64）。当coo_indices包含非零值的线性索引并且其长度等于值的长度时，coo_indice可能具有1-D形状。它也可以是二维形状，其中它包含每个非零值的二维坐标，其长度必须恰好是值长度的2倍。

• ort_device：描述了所提供Numpy阵列拥有的后备内存。只有CPU内存支持非数字数据类型。

对于原始类型，该方法将把值和coo_indice数组映射到本机内存中，并将其用作后备存储。它将增加Numpy数组的引用计数，并在GC上减少引用计数。缓冲区可以驻留在CPU或GPU的任何存储器中。对于字符串和对象，它将在CPU内存中创建数组的副本，因为ORT不支持其他设备上的数组，也无法映射它们的内存。

⑨ static sparse_csr_from_numpy(dense_shape, values, inner_indices, outer_indices, ort_device)。基于给定参数构建CSR格式SparseTensor的工厂方法。参数介绍如下：

• dense_shape：1-D Numpy数组（int64）或包含稀疏张量（行、列）的Python列表，必须位于CPU内存上。

• values：一个连续的、同质的1-D Numpy数组，包含一个类型的张量的非零元素。

• inner_indices：包含张量CSR内部索引的连续1-D Numpy数组（int64）。它的长度必须等于值的长度。

• outer_indices：包含张量CSR外部索引的连续1-D Numpy数组（int64），其长度必须等于行数+1。

• ort_device：描述了所提供Numpy阵列所拥有的后备内存。只有CPU内存支持非数字数据类型。

对于原始类型，该方法将把值和索引数组映射到本机内存中，并将其用作后备存储，此时递增引用计数，被垃圾回收时递减计数。缓冲区可以驻留在CPU或GPU的任何存储器中。对于字符串和对象，它将在 CPU 内存中创建数组的副本，因为 ORT 不支持其他设备上的数组，也无法映射它们的内存。

（4）to_cuda(ort_device)

在指定的 CUDA 设备上返回此实例的副本。参数介绍如下：

ort_device：名称为 CUDA，GPU 设备 id 有效。

如果满足以下条件，该方法将抛出异常：

① 此实例包含字符串。

② 此实例已在 GPU 上，或不支持跨 GPU 复制。

③ CUDA 在此版本中不存在。

④ 指定的设备无效。

（5）values( )

如果数据类型为 numeric，则该方法返回一个由本机内存支持的 Numpy 数组；否则，返回包含字符串副本的 Numpy 数组。

（6）设备 API

类定义：

class onnxruntime.IOBinding(session:Session)

此类提供 API 将输入/输出绑定到指定的设备，例如 GPU。

① bind_cpu_input(name,arr_on_cpu)。将输入绑定到 CPU 上的数组。参数介绍如下：

name：输入名称。

arr_on_cpu：输入值作为 CPU 上的 Python 数组。

② bind_input(name,device_type,device_id,element_type,shape,buffer_ptr)。参数介绍如下：

- name：输入名。
- device_type：设备类型，例如 CPU、CUDA、CANN。
- device_id：设备 id，例如 0。
- element_type：输入元素类型。
- shape：输入形状。
- buffer_ptr：输入数据的内存指针。

③ bind_ortvalue_input(name,ortvalue)。参数介绍如下：

- name：输入名。
- ortvalue：OrtValue，要绑定的实例。

④ bind_ortvalue_output(name,ortvalue)。参数介绍如下：

- name：输出名。
- ortvalue：OrtValue，要绑定的实例。

⑤ bind_output(name,device_type='cpu',device_id=0,element_type=None,shape=None,buffer_ptr=None)。参数介绍如下：

- name：输出名。
- device_type：缺省方法下，例如 CPU、CUDA、CANN。
- device_id：设备 id，例如 0。

- element_type：输出元素类型。
- shape：输出形状。
- buffer_ptr：输出数据的内存指针。

（7） copy_outputs_to_cpu（ ）

复制输出内容到 CPU。

（8） get_outputs（ ）

返回调用前 Run（） 的输出 OrtValues。所获得的 OrtValues 的数据缓冲区可能不在 CPU 内存中。

类定义：

class onnxruntime. SessionIOBinding(self：onnxruntime. capi. onnxruntime_pybind11_state. SessionIOBinding,arg0：onnxruntime. capi. onnxruntime_pybind11_state. InferenceSession)

① bind_input（ * args, ** kwargs)

重载：

- bind_input(self：onnxruntime. capi. onnxruntime_pybind11_state. SessionIOBinding,arg0：str,arg1：object)->None
- bind_input(self：onnxruntime. capi. onnxruntime_pybind11_state. SessionIOBinding,arg0：str,arg1：onnxruntime. capi. onnxruntime_pybind11_state. OrtDevice,arg2：object,arg3：list[int],arg4：int)->None

② bind_ortvalue_input(self：onnxruntime. capi. onnxruntime_pybind11_state. SessionIOBinding,arg0：str,arg1：onnxruntime. capi. onnxruntime_pybind11_state. OrtValue)→None

③ bind_ortvalue_output(self：onnxruntime. capi. onnxruntime_pybind11_state. SessionIOBinding,arg0：str,arg1：onnxruntime. capi. onnxruntime_pybind11_state. OrtValue)→None

④ bind_output（ * args, ** kwargs)

重载：

- bind_output(self：onnxruntime. capi. onnxruntime_pybind11_state. SessionIOBinding,arg0：str,arg1：onnxruntime. capi. onnxruntime_pybind11_state. OrtDevice,arg2：object,arg3：list[int],arg4：int)->None
- bind_output(self：onnxruntime. capi. onnxruntime_pybind11_state. SessionIOBinding,arg0：str,arg1：onnxruntime. capi. onnxruntime_pybind11_state. OrtDevice)->None

⑤ clear_binding_inputs(self：onnxruntime. capi. onnxruntime_pybind11_state. SessionIOBinding)→None

⑥ clear_binding_outputs(self：onnxruntime. capi. onnxruntime_pybind11_state. SessionIOBinding)→None

⑦ copy_outputs_to_cpu(self：onnxruntime. capi. onnxruntime_pybind11_state. SessionIOBinding)→list

⑧ get_outputs(self：onnxruntime. capi. onnxruntime_pybind11_state. SessionIOBinding)→onnxruntime. capi. onnxruntime_pybind11_state. OrtValueVector

⑨ synchronize_inputs(self：onnxruntime. capi. onnxruntime_pybind11_state. SessionIOBinding)→None

⑩ synchronize_outputs(self:onnxruntime.capi.onnxruntime_pybind11_state.SessionIOBinding)→None

(9) OrtDevice

类定义：

class onnxruntime.OrtDevice（c_ort_device）

提供暴露底层C++OrtDevice的数据结构内部构造的函数。

(10) ModelMetadata

类定义：

class onnxruntime.ModelMetadata

该类是关于模型的预定义和自定义元数据。它通常用于识别模型的运行预测并促进比较功能实现。

属性：

① property custom_metadata_map。模型辅助元数据。

② property description。模型属性描述。

③ property domain。ONNX模型属性域。

④ property graph_description。模型属性中托管的图形的描述。

⑤ property graph_name。模型属性图形名。

⑥ property producer_name。模型属性生产商名。

⑦ property version。模型属性版本。

(11) NodeArg

类定义：

class onnxruntime.NodeArg

该类用于输入和输出的节点参数定义，包括arg名称、arg类型（同时包含类型和形状）等内容。

属性：

① property name。节点名。

② property shape。点形状（假设节点包含张量）。

③ property type。节点类型。

(12) 后端API

除了针对性能和可用性进行优化的常规API外，ONNX Runtime还实现了ONNX后端API，用于验证ONNX规范的一致性。

① onnxruntime.backend.is_compatible(model,device=None,**kwargs)。返回模型是否与后端兼容。参数介绍如下：

a. model：该参数未使用。

b. device：设备名称。

② boolean onnxruntime.backend.prepare(model,device=None,**kwargs)。加载模型并创建onnxruntime.InferenceSession已准备好用作后端。参数介绍如下：

a. model：ModelProto（由onnx.load返回），模型的文件名或序列化模型的字节文件。

b. device：请求用于计算的设备，None表示默认设备，具体取决于编译设置。

c. kwargs：参考 onnxruntime. SessionOptions。

③ onnxruntime. backend. run(model, inputs, device=None, ** kwargs)。参数介绍如下：

a. model：由预处理函数返回的模型。

b. inputs：输入。

c. device：请求用于计算的设备，None 表示默认设备，取决于编译设置。

d. kwargs：参考 onnxruntime. RunOptions。

④ onnxruntime. backend. supports_device(device)。检查后端是否使用特定的设备支持进行编译。一般在测试套件中使用。

第2章

ONNX运行时与应用开发技术

2.1 ONNX 运行时支持程序

2.1.1 ONNX 运行时支持程序简介

ONNX Runtime 通过其可扩展的支持程序（EP）框架与不同的硬件加速库协同工作，以在硬件平台上最佳地执行 ONNX 模型。ONNX 运行时使应用程序开发人员能够灵活地在云和边缘等不同环境中部署其 ONNX 模型，并利用平台的计算能力优化执行。ONNX 的训练框架、运行时及部署目标如图 2-1 所示。

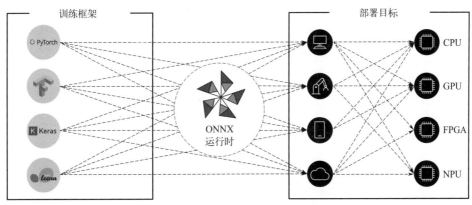

图 2-1 ONNX 的训练框架、运行时及部署目标

ONNX 运行时使用 GetCapability() 接口与支持程序协同工作，以分配特定节点或子图，供支持的硬件中的 EP 库执行。预安装在执行环境中的 EP 库在硬件上处理和执行 ONNX 子图。这种架构抽象出了硬件特定库的细节，这些库对于优化 CPU、GPU、FPGA 或专用 NPU 等硬件平台上的深度神经网络的执行至关重要。

ONNX 运行时流程分解如图 2-2 所示。

ONNX 运行时目前支持许多不同的支持程序。一些 EP 正在为实时生产服务，而另一些 EP 则以预览版的形式发布，开发人员能够使用不同的选项开发和定制他们的应用程序。

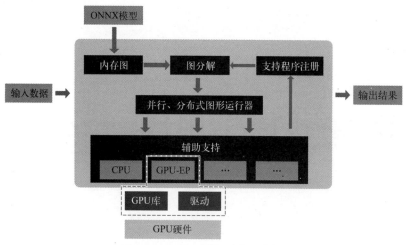

图 2-2 ONNX 运行时流程分解

2.1.2 支持程序摘要

ONNX 支持程序列表见表 2-1。

表 2-1 ONNX 支持程序列表

CPU	GPU	IoT/Edge/Mobile	其他
默认 CPU	NVIDIA CUDA	Intel OpenVINO	Rockchip NPU
Intel DNNL	NVIDIA TensorRT	Arm 计算库	Xilinx Vitis-AI
TVM	DirectML	Android 神经网络 API	Huawei CANN
Intel OpenVINO	AMD MIGraphX	Arm NN	AZURE
XNNPACK	Intel OpenVINO	CoreML	
	AMD ROCm	TVM	
	TVM	Qualcomm QNN	
		XNNPACK	

2.1.3 添加支持程序

开发人员可以将专业硬件加速解决方案与 ONNX Runtime 集成，在其堆栈上执行 ONNX 模型。要创建与 ONNX Runtime 接口的 EP，必须首先为 EP 标识一个唯一的名称。示例代码如下：

```
import onnxruntime as rt
# 定义程序的优先级顺序
# CUDA 支持程序优先级高于 CPU 支持程序
EP_list=['CUDAExecutionProvider','CPUExecutionProvider']
# 初始化 model.onnx
```

```
sess=rt.InferenceSession(model.onnx,providers=EP_list)
# 获取输出元数据:class:'onnxruntime.NodeArg'
output_name=sess.get_outputs()[0].name
# 获取输入元数据:class:'onnxruntime.NodeArg'
input_name=sess.get_inputs()[0].name
# 使用 image_data 作为模型的输入进行推理
detections=sess.run([output_name],{input_name:image_data})[0]
print("输出形状:",detections.shape)
# 处理图像以标记推理点
image=post.image_postprocess(original_image,input_size,detections)
image=Image.fromarray(image)
image.save("kite-with-objects.jpg")
# 将 EP 优先级更新为仅 CPUExecutionProvider
sess.set_providers(['CPUExecutionProvider'])
cpu_detection=sess.run(...)
```

2.2 ONNX 原理介绍

本节介绍 ONNX 概念（开放神经网络交换），并展示了如何在 Python 中使用 ONNX，最后介绍了将生产环境迁移到 ONNX 时面临的一些挑战。

2.2.1 ONNX 基本概念

ONNX 可以看作一种专门研究数学函数的编程语言。它定义了机器学习模型实现推理功能所需的所有操作。例如线性回归可以用以下方式表示：

```
def onnx_linear_regressor(X):
    "ONNX code for a linear regression"
    return onnx.Add(onnx.MatMul(X,coefficients),bias)
```

这个例子类似于开发人员用 Python 编写的表达式。ONNX 可以将操作表示为一个图表，以显示是如何通过转换特征获得预测的。这就是为什么用 ONNX 实现的机器学习模型通常被称为 ONNX 图。ONNX 加法与乘法简易流程图如图 2-3 所示。

ONNX 旨在提供一种任何机器学习框架都可以描述其模型的通用语言，从而更容易在生产中部署机器学习模型。ONNX 解释器（或运行时）可以在部署环境中运行，以便实现和优化任务。使用

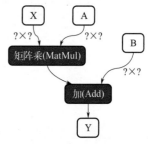

图 2-3 ONNX 加法与乘法简易流程图

ONNX可以构建一个独立于构建模型的学习框架。

2.2.2 ONNX的输入、输出、节点、初始化器、属性

构建ONNX图意味着使用ONNX语言或ONNX运算符实现功能。线性回归可以按照以下方式编写。注意：这只是一种用于说明模型的伪代码。

输入：float[M,K]x,float[K,N]a,float[N]c

输出：float[M,N]y

r=onnx.MatMul(x,a)

y=onnx.Add(r,c)

这段代码实现了一个函数$f(x,a,c)$，用于将变量a+c的内存地址赋给x。其中，x、a、c是输入，y是输出，r是一个中间结果。MatMul和Add是节点，它们也有输入和输出。节点是一种类型，是ONNX的运算符之一。用上述伪代码构建的图与图2-3类似。图2-3中可以加入一个初始化器。当输入永远不会改变时，例如线性回归的系数，利用初始化器将其转换为存储在图中的常数是最佳方法。

加入初始化器的伪代码如下：

输入：float[M,K]x

初始化：float[K,N]a,float[N]c

输出：float[M,N]xac

xa=onnx.MatMul(x,a)

xac=onnx.Add(xa,c)

基于上述伪代码构建ONNX图及节点参数如图2-4所示。从视觉上，图2-3看起来与图2-4相似。图2-4右侧描述了运算符Add，其中第二个输入被定义为初始化器。

图2-4 构建ONNX图及节点参数

属性是运算符的固定参数。算子 Gemm 有四个属性，分别为 alpha、beta、transA、transB。一旦加载了 ONNX 图，这些值就无法更改，并且对于所有预测都保持冻结状态。

2.2.3 元素类型

ONNX 最初是为了帮助部署深度学习模型而开发的，且仅为浮点数（32 位）运算设计。但当前版本支持所有常见数据类型。字典 TENSOR_TYPE_MAP 给出了 ONNX 和 Numpy 之间的对应关系。

以下示例代码打印了不同的元素类型：

```
import re
from onnx import TensorProto
reg=re.compile('^[0-9A-Z_]+$')
values={}
for att in sorted(dir(TensorProto)):
  if att in{'DESCRIPTOR'}:
        continue
    if reg.match(att):
        values[getattr(TensorProto,att)]=att
for i,att in sorted(values.items()):
    si=str(i)
    if len(si)==1:
        si=""+si
print("%s:onnx.TensorProto.%s"%(si,att))
```

打印输出结果如下：

```
0:onnx.TensorProto.UNDEFINED
1:onnx.TensorProto.FLOAT
2:onnx.TensorProto.UINT8
3:onnx.TensorProto.INT8
4:onnx.TensorProto.UINT16
5:onnx.TensorProto.INT16
6:onnx.TensorProto.INT32
7:onnx.TensorProto.INT64
8:onnx.TensorProto.STRING
9:onnx.TensorProto.BOOL
10:onnx.TensorProto.FLOAT16
11:onnx.TensorProto.DOUBLE
12:onnx.TensorProto.UINT32
13:onnx.TensorProto.UINT64
14:onnx.TensorProto.COMPLEX64
15:onnx.TensorProto.COMPLEX128
16:onnx.TensorProto.BFLOAT16
```

```
17:onnx.TensorProto.FLOAT8E4M3FN
18:onnx.TensorProto.FLOAT8E4M3FNUZ
19:onnx.TensorProto.FLOAT8E5M2
20:onnx.TensorProto.FLOAT8E5M2FNUZ
21:onnx.TensorProto.UINT4
22:onnx.TensorProto.INT4
23:onnx.TensorProto.FLOAT4E2M1
```

2.2.4 什么是 opset 版本？

opset 版本是 opset 被映射到 ONNX 包的版本。每次次要版本增加时，它都会递增。使用如下代码查看 opset 版本：

```
import onnx
print(onnx.__version__," opset=",onnx.defs.onnx_opset_version())
```

输出：1.18.0 opset=23

每个 ONNX 图上还附加了一个 opset。这是一个全局性的信息，它定义了图中所有运算符的版本。算子添加已在版本 6、7、13 和 14 中更新。如果图形 opset 版本为 15，则意味着运算符 Add 遵循规范版本为 14。如果图形 opset 版本为 12，则运算符 Add 遵循规范版本为 7。图中的运算符遵循全局图 opset 版本的上一版本（或相等版本）的定义。

一个图可能包含来自多个域的运算符，例如 ai.onnx 和 ai.onnx.ml。在这种情况下，图必须为每个域定义一个全局 opset。该规则适用于同一域内的每个运算符。

2.2.5 子图、测试和循环

ONNX 可以实现测试和循环。ONNX 将另一个 ONNX 图作为属性。这些结构通常性能缓慢而构造复杂。如果可能的话，最好避开它们。

算子 If 根据条件评估并执行两个图中的一个，代码如下：

```
If(condition)then
    execute this ONNX graph('then_branch')
else
    execute this ONNX graph('else_branch')
```

这两个图可以使用图中已经计算的任何结果，并且必须产生完全相同数量的输出。这些输出将是算子 If 的输出。ONNX 实现子图的测试和循环的方式如图 2-5 所示。

2.2.6 算子扫描

运算符扫描实现了一个具有固定迭代次数的循环。它遍历输入的行（或任何其他维

度),并沿同一轴连接输出。以运算 $M(i,j) = \| X_i - Y_j \|^2$ 为例,ONNX 实现运算符扫描的过程如图 2-6 所示。

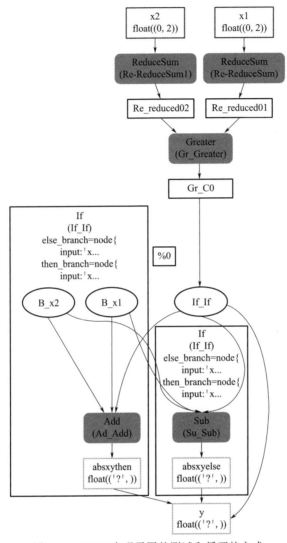

图 2-5 ONNX 实现子图的测试和循环的方式

即使上述运算的计算速度较慢,但这个循环是有效的。假设输入和输出都是张量,则每次迭代的输出将自动连接成单个张量。图 2-5 的例子中只有一个张量,但图 2-6 中可能有几个张量。

2.2.7 工具

netron 对于 ONNX 图可视化非常有用。

onnx2py.py 用于从 ONNX 图创建一个 Python 文件。此脚本可以创建相同的图。用户可以通过修改它来更改图。

zetane 可以加载 ONNX 模型,并在模型执行时显示中间结果。

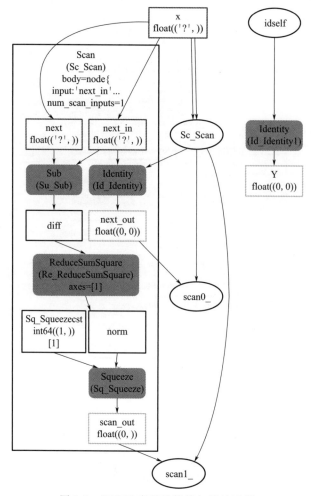

图 2-6 ONNX 实现运算符扫描的过程

2.3 ONNX 与 Python

本节介绍使用 ONNX 提供的 Python API 构建 ONNX 图的方法。

2.3.1 线性回归示例

线性回归是机器学习中最简单的模型,由表达式 $Y=XA+B$ 描述。可以将其视为函数 $Y=f(X,A,B)$,可分解为 $Y=\text{Add}[\text{MatMul}(X,A),B]$,这就是需要由 ONNX 运算符表示的内容。ONNX 是强类型的,必须为函数的输入和输出定义形状和类型。常用的构建图的函数如下:

① make_tensor_value_info:声明一个给定形状和类型的变量(输入或输出)。

② make_node：创建由操作（运算符类型）及其输入和输出定义的节点。
③ make_graph：使用前两个函数创建的对象创建 ONNX 图。
④ make_model：合并图和其他元数据。

在整个创建过程中，需要为图中每个节点的每个输入、输出命名。图的输入和输出由 ONNX 对象定义，字符串用于引用中间结果。示例代码如下：

```python
# imports
from onnx import TensorProto
from onnx.helper import(make_model,make_node,make_graph,
    make_tensor_value_info)
from onnx.checker import check_model
# 输入
# 'X'是名称,TensorProto.FLOAT 类型,[None,None]类型
X=make_tensor_value_info('X',TensorProto.FLOAT,[None,None])
A=make_tensor_value_info('A',TensorProto.FLOAT,[None,None])
B=make_tensor_value_info('B',TensorProto.FLOAT,[None,None])
# 输出,形状未定义
Y=make_tensor_value_info('Y',TensorProto.FLOAT,[None])
# 节点
# 创建了一个由运算符类型 MatMul 定义的节点,X、A 是节点的输入,XA 是输出。
node1=make_node('MatMul',['X','A'],['XA'])
node2=make_node('Add',['XA','B'],['Y'])
# 从节点到图
# 该图是从节点列表、输入列表和输出列表构建的
# 输出列表和名称
graph=make_graph([node1,node2],    # 节点
                 'lr',             # 名称
                 [X,A,B],          # 输入
                 [Y])              # 输出
# ONNX 图形
# 在这种情况下没有元数据
onnx_model=make_model(graph)
# 检查模型是否一致
# 检测器和形状推理
check_model(onnx_model)
# 工作完成了,再显示...
print(onnx_model)
```

图定义如下：

```
ir_version:11
graph{
  node{
    input:X
```

```
    input:A
    output:XA
    op_type:MatMul
  }
  node{
    input:XA
    input:B
    output:Y
    op_type:Add
  }
  name:lr
  input{
    name:X
    type{
      tensor_type{
        elem_type:1
        shape{
          dim{
          }
          dim{
          }
        }
      }
    }
  }
  input{
    name:A
    type{
      tensor_type{
        elem_type:1
        shape{
          dim{
          }
          dim{
          }
        }
      }
    }
  }
  input{
    name:B
    type{
      tensor_type{
```

```
          elem_type:1
          shape{
            dim{
            }
            dim{
            }
          }
        }
      }
    }
    output{
      name:Y
      type{
        tensor_type{
          elem_type:1
          shape{
            dim{
            }
          }
        }
      }
    }
  }
  opset_import{
    version:23
  }
}
```

使用 ONNX 提供的 Python API 构建回归图的过程如图 2-7 所示。

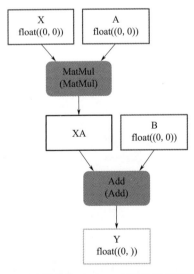

图 2-7　ONNX 提供的 Python API 构建回归图的过程

2.3.2 初始化器，改进的线性规划

之前的模型假设线性回归的系数也作为模型的输入，事实上它们应该是模型本身的一部分，作为常量或初始化器来遵循 ONNX 语义。下面的示例修改了前一个示例，将输入 A 和 B 更改为初始化器。该示例引入了包 numpy-helper，该包实现了两个函数，可实现 Numpy 与 ONNX 的转换，分别为：

① onnx.numpy_helper.to_array：从 ONNX 转换为 Numpy。
② onnx.numpy_helper.from_array：从 Numpy 转换为 ONNX。

示例代码如下：

```python
import numpy
from onnx import numpy_helper,TensorProto
from onnx.helper import(make_model,make_node,make_graph,
    make_tensor_value_info)
from onnx.checker import check_model
# 初始化
value=numpy.array([0.5,-0.6],dtype=numpy.float32)
A=numpy_helper.from_array(value,name='A')
value=numpy.array([0.4],dtype=numpy.float32)
C=numpy_helper.from_array(value,name='C')
# 不变的部分
X=make_tensor_value_info('X',TensorProto.FLOAT,[None,None])
Y=make_tensor_value_info('Y',TensorProto.FLOAT,[None])
node1=make_node('MatMul',['X','A'],['AX'])
node2=make_node('Add',['AX','C'],['Y'])
graph=make_graph([node1,node2],'lr',[X],[Y],[A,C])
onnx_model=make_model(graph)
check_model(onnx_model)
print(onnx_model)
```

图定义如下：

```
ir_version:11
graph{
  node{
    input:X
    input:A
    output:AX
    op_type:MatMul
  }
  node{
    input:AX
```

```
    input:C
    output:Y
    op_type:Add
  }
name:lr
initializer{
  dims:2
  data_type:1
  name:A
  raw_data:"\000\000\000?\232\231\031\277"
}
initializer{
  dims:1
  data_type:1
  name:C
  raw_data:"\315\314\314>"
}
input{
  name:X
  type{
    tensor_type{
      elem_type:1
      shape{
        dim{
        }
        dim{
        }
      }
    }
  }
}
output{
  name:Y
  type{
    tensor_type{
      elem_type:1
      shape{
        dim{
        }
      }
    }
  }
}
```

```
}
opset_import{
  version:23
}
```

利用 ONNX 提供的 Python API 构建回归图，其中增加了初始化器，流程如图 2-8 所示。

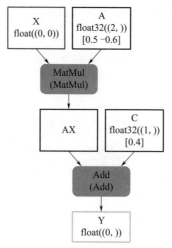

图 2-8　增加了初始化器的回归图构建流程

2.3.3　遍历 ONNX 结构并检查初始化器

遍历 ONNX 结构并检查初始化器的示例代码如下：

```
import numpy
from onnx import numpy_helper,TensorProto
from onnx.helper import(make_model,make_node,make_graph,
    make_tensor_value_info)
from onnx.checker import check_model
# 初始化
value=numpy.array([0.5,-0.6],dtype=numpy.float32)
A=numpy_helper.from_array(value,name='A')
value=numpy.array([0.4],dtype=numpy.float32)
C=numpy_helper.from_array(value,name='C')
# 不变的部分
X=make_tensor_value_info('X',TensorProto.FLOAT,[None,None])
Y=make_tensor_value_info('Y',TensorProto.FLOAT,[None])
node1=make_node('MatMul',['X','A'],['AX'])
node2=make_node('Add',['AX','C'],['Y'])
graph=make_graph([node1,node2],'lr',[X],[Y],[A,C])
```

```
onnx_model=make_model(graph)
check_model(onnx_model)
print('** 初始化 **')
for init in onnx_model.graph.initializer:
    print(init)
```

输出结果:

```
** 初始化 **
dims:2
data_type:1
name:A
raw_data:"\000\000\000?\232\231\031\277"

dims:1
data_type:1
name:C
raw_data:"\315\314\314>"
```

2.4 运算符属性

某些运算符需要诸如转置运算符之类的属性。构建表达式 $y = XA' + B$ 或 $y = \text{Add}\{\text{MatMul}[X, \text{Transpose}(A)] + B\}$ 的图。转置需要一个定义轴排列的属性 perm $= [1,0]$，它作为命名属性添加到函数 make_node 中。示例代码如下:

```
from onnx import TensorProto
from onnx.helper import(make_model,make_node,make_graph,
    make_tensor_value_info)
from onnx.checker import check_model
# 不变的部分
X=make_tensor_value_info('X',TensorProto.FLOAT,[None,None])
A=make_tensor_value_info('A',TensorProto.FLOAT,[None,None])
B=make_tensor_value_info('B',TensorProto.FLOAT,[None,None])
Y=make_tensor_value_info('Y',TensorProto.FLOAT,[None])

# 增加的部分
node_transpose=make_node('Transpose',['A'],['tA'],perm=[1,0])
# 除了 tA 替换 A 外,其余都不变
node1=make_node('MatMul',['X','tA'],['XA'])
node2=make_node('Add',['XA','B'],['Y'])
# node_transpose 被加入列表中
```

```
graph=make_graph([node_transpose,node1,node2],'lr',[X,A,B],[Y])
onnx_model=make_model(graph)
check_model(onnx_model)
# 工作完成,继续显示…
print(onnx_model)
```

图节点定义如下:

```
ir_version:11
graph{
  node{
    input:A
    output:tA
    op_type:Transpose
    attribute{
      name:perm
      ints:1
      ints:0
      type:INTS
    }
  }
  node{
    input:X
    input:tA
    output:XA
    op_type:MatMul
  }
  node{
    input:XA
    input:B
    output:Y
    op_type:Add
  }
  name:lr
  input{
    name:X
    type{
      tensor_type{
        elem_type:1
        shape{
          dim{
          }
          dim{
          }
```

```
      }
    }
  }
}
input{
  name:A
  type{
    tensor_type{
      elem_type:1
      shape{
        dim{
        }
        dim{
        }
      }
    }
  }
}
input{
  name:B
  type{
    tensor_type{
      elem_type:1
      shape{
        dim{
        }
        dim{
        }
      }
    }
  }
}
output{
  name:Y
  type{
    tensor_type{
      elem_type:1
      shape{
        dim{
        }
      }
    }
  }
}
```

```
    }
  }
  opset_import{
    version:23
  }
```

运算符属性变化如图 2-9 所示。

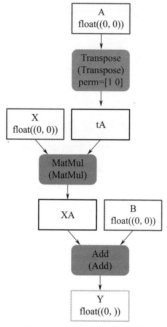

图 2-9 运算符属性变化

2.5 根据符号计算矩阵中所有浮点数的总和

测试可以用运算符 If 来实现。但根据一个布尔值选择执行一个子图或另一个子图并不是一种高效的方法,因为函数通常需要在批处理中进行大量比较。以下示例根据符号计算矩阵中所有浮点数的总和,返回 1 或 -1。

```
import numpy
import onnx
from onnx.helper import(make_node,make_graph,make_model,make_tensor_value_info)
from onnx.numpy_helper import from_array
from onnx.checker import check_model
from onnxruntime import InferenceSession
```

```python
# 初始化
value=numpy.array([0],dtype=numpy.float32)
zero=from_array(value,name='zero')
# 与以前一样,X表示输入,Y表示输出
X=make_tensor_value_info('X',onnx.TensorProto.FLOAT,[None,None])
Y=make_tensor_value_info('Y',onnx.TensorProto.FLOAT,[None])
# 构建条件的节点。首先在所有轴上求和
rsum=make_node('ReduceSum',['X'],['rsum'])
# 其次,将结果与0进行比较
cond=make_node('Greater',['rsum','zero'],['cond'])
# 如果条件为True,则构建图形
# 然后输入
then_out=make_tensor_value_info(
    'then_out',onnx.TensorProto.FLOAT,None)
# 常量返回
then_cst=from_array(numpy.array([1]).astype(numpy.float32))

# 唯一节点
then_const_node=make_node(
    'Constant',inputs=[],
    outputs=['then_out'],
    value=then_cst,name='cst1')
# 以及包括这些元素的图表
then_body=make_graph(
    [then_const_node],'then_body',[],[then_out])
# 其他分支的流程相同
else_out=make_tensor_value_info(
    'else_out',onnx.TensorProto.FLOAT,[5])
else_cst=from_array(numpy.array([-1]).astype(numpy.float32))
else_const_node=make_node(
    'Constant',inputs=[],
    outputs=['else_out'],
    value=else_cst,name='cst2')
else_body=make_graph(
    [else_const_node],'else_body',
    [],[else_out])
# 最后,节点If将两个图都作为属性
if_node=onnx.helper.make_node(
    'If',['cond'],['Y'],
    then_branch=then_body,
    else_branch=else_body)
# 最后一张图
graph=make_graph([rsum,cond,if_node],'if',[X],[Y],[zero])
```

```python
onnx_model=make_model(graph)
check_model(onnx_model)
# 冻结 opset
del onnx_model.opset_import[:]
opset=onnx_model.opset_import.add()
opset.domain=''
opset.version=15
onnx_model.ir_version=8
# 存储
with open("onnx_if_sign.onnx","wb")as f:
    f.write(onnx_model.SerializeToString())
# 输出
sess=InferenceSession(onnx_model.SerializeToString(),
    providers=["CPUExecutionProvider"])
x=numpy.ones((3,2),dtype=numpy.float32)
res=sess.run(None,{'X':x})
# 工作
print(result,res)
print()
# 显示
print(onnx_model)
result[array([1.],dtype=float32)]
```

图节点定义如下:

```
ir_version:8
graph{
  node{
    input:X
    output:rsum
    op_type:ReduceSum
  }
  node{
    input:rsum
    input:zero
    output:cond
    op_type:Greater
  }
  node{
    input:cond
    output:Y
    op_type:If
    attribute{
      name:else_branch
```

```
g{
  node{
    output:else_out
    name:cst2
    op_type:Constant
    attribute{
      name:value
      t{
        dims:1
        data_type:1
        raw_data:\000\000\200\277
      }
      type:TENSOR
    }
  }
  name:else_body
  output{
    name:else_out
    type{
      tensor_type{
        elem_type:1
        shape{
          dim{
            dim_value:5
          }
        }
      }
    }
  }
}
type:GRAPH
}
attribute{
  name:then_branch
  g{
    node{
      output:then_out
      name:cst1
      op_type:Constant
      attribute{
        name:value
        t{
          dims:1
```

```
                    data_type:1
                    raw_data:\000\000\200?
                  }
                  type:TENSOR
              }
            }
            name:then_body
            output{
              name:then_out
              type{
                tensor_type{
                  elem_type:1
                }
              }
            }
          }
          type:GRAPH
        }
      }
      name:if
      initializer{
        dims:1
        data_type:1
        name:zero
        raw_data:\000\000\000\000
      }
      input{
        name:X
        type{
          tensor_type{
            elem_type:1
            shape{
              dim{
              }
              dim{
              }
            }
          }
        }
      }
      output{
        name:Y
        type{
```

```
      tensor_type{
        elem_type:1
        shape{
          dim{
          }
        }
      }
    }
  }
}
opset_import{
  domain:""
  version:15
}
```

根据符号计算矩阵中所有浮点数的总和如图 2-10 所示。

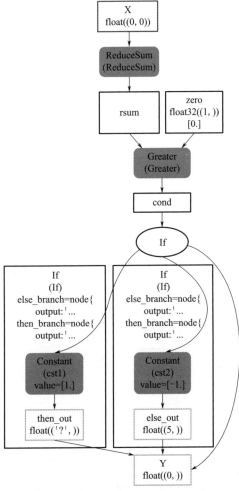

图 2-10　根据符号计算矩阵中所有浮点数的总和

多次迭代示例代码如下：

```
node=make_node(
  Scan,[X1,X2],[Y1,Y2],
    name=Sc_Scan,body=graph,num_scan_inputs=1,domain='')
```

在第一次迭代中，子图得到 X1 和 X2 的第一行。该子图产生两个输出，第一个输出在下一次迭代中替换 X1，第二个输出存储在容器中作为 Y2。在第二次迭代中，子图的第二个输入是 X2 的第二行。

多次迭代生成的图如图 2-11 所示。

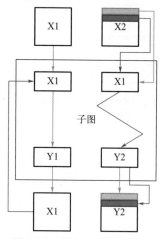

图 2-11　多次迭代生成的图

2.6　树集合回归器

ONNX 仅实现了 TreeEnsembleRegressor（树集合回归器），但它不能检索决策所遵循的路径或图形统计信息。

树集合回归器如图 2-12 所示。

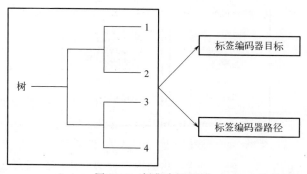

图 2-12　树集合回归器

2.7 程序创建和验证模型功能

ONNX 模型可以直接利用上一节中描述的类进行构建和操作，但使用以下帮助程序创建和验证模型会更快。

① onnx.backend。
② onnx.checker。
③ onnx.compose。
④ onnx._custom_element_types。
⑤ onnx.defs。
⑥ onnx.external_data_helper。
⑦ onnx.helper。
⑧ onnx.hub。
⑨ onnx.inliner。
⑩ onnx.mapping。
⑪ onnx.model_container。
⑫ onnx.numpy_helper。
⑬ onnx.parser。
⑭ onnx.printer。
⑮ onnx.reference。
⑯ onnx.shape_inference。
⑰ onnx.tools。
⑱ onnx.utils。
⑲ onnx.version_converter。

2.8 ONNX 模型使用开发示例分析

本节目标：了解如何为产品销售数据构建异常检测应用程序。
主要技术模块如下：
① 加载数据。
② 创建尖峰异常检测的转换。
③ 通过变换检测尖峰异常。
④ 创建用于变化点异常检测的转换。
⑤ 通过变换检测变化点异常。
可以在 dotnet/samples 存储库中找到示例代码。

2.8.1 开发环境

项目开发环境如下：
① 已安装 .NET 桌面开发工作工具 Visual Studio 2022。
② product-sales.csv 数据集。

项目开发背景：

product-sales.csv 中的数据格式基于数据集"3 年期洗发水销售额"，该数据集最初来自 DataMarket，由 Rob Hyndman 创建的时间序列数据库（TSDL）提供。

2.8.2 创建控制台应用程序

创建控制台应用程序的步骤如下：

① 创建一个名为 ProductSalesAnomalyDetection 的 C# 控制台应用程序。单击"下一步"按钮。

② 选择 .NET 6 作为框架来使用。单击"创建"按钮。

③ 在项目中创建一个名为 Data 的目录来保存数据集文件。

④ 安装 Microsoft.ML NuGet 包。除非另有说明，否则此示例使用的 NuGet 包均为最新稳定版本。在解决方案资源管理器中，右键单击项目并选择"管理 NuGet 包"。选择"nuget.org"作为包源，选择"浏览"选项卡，搜索 Microsoft.ML 并点击"安装"按钮。如果同意所列软件包的许可条款，可选择"预览更改"对话框上的"确定"按钮，然后选择"许可证接受"对话框中的"接受"按钮。对 Microsoft.ML.TimeSeries 重复这些步骤。

⑤ 在 Program.cs 文件的顶部添加以下代码：

```
using Microsoft.ML;
using ProductSalesAnomalyDetection;
using Microsoft.ML.Data;
```

⑥ 删除现有的类定义，并将以下代码（包含两个类 ProductSalesData 和 ProductSalesPrediction）添加到 ProductSalesData.cs 文件中：

```
public class ProductSalesData
{
    [LoadColumn(0)]
    public string? Month;

    [LoadColumn(1)]
    public float numSales;
}
public class ProductSalesPrediction
```

```
{
    //vector to hold alert,score,p-value values
    [VectorType(3)]
    public double[]? Prediction{get;set;}
}
```

ProductSalesData 定义了一个输入数据类。LoadColumn 属性指定应加载数据集中的哪些列（按列索引）。ProductSalesPrediction 定义预测数据类。对于异常检测，预测由指示是否存在异常的警报、原始分数和 P 值组成。P 值越接近 0，发生异常的可能性就越大。

① 创建全局字段来保存数据集文件路径：

a. _dataPath 保存用于训练模型的数据集的路径。

b. _docsize 表示数据集文件中的记录数，可使用_docsize 来计算 pvalueHistoryLength。

② 添加以下代码以指定路径：

```
string _dataPath = Path.Combine(Environment.CurrentDirectory,"Data","product-sales.csv");
//将数据集文件中的记录数赋给常量变量
const int _docsize=36;
```

③ 初始化变量。用以下代码去声明和初始化 mlContext 变量：

```
MLContext mlContext=newMLContext();
```

MLContext 类是所有 ML.NET 操作的起点，初始化 MLContext 会创建一个新的 ML.NET 环境，可以在模型创建工作流之间共享。从概念上讲，它类似于实体框架中的 DBContext。

④ 加载数据。ML.NET 中的数据以 ViewModel 视图接口的形式存在。ViewModel 视图是一种灵活、高效的描述表格数据（数字和文本）的方法。数据可以从文件或其他来源（例如 SQL 数据库或日志文件）加载到 ViewModel 视图对象中。创建 mlContext 变量后添加以下代码：

```
IDataView dataView = mlContext.Data.LoadFromTextFile<ProductSalesData>(path: _dataPath,hasHeader:true,separatorChar:',');
```

LoadFromTextFile() 定义数据模式并读取文件，它接收数据路径变量并返回一个 ViewModel 视图。

2.8.3　时间序列异常检测

异常检测用于标记意外或异常事件或行为。

图像异常检测示例如图 2-13 所示。

异常检测是检测时间序列数据异常值的过程；在给定的输入时间序列上，检测行为与预期不符或奇怪的点。

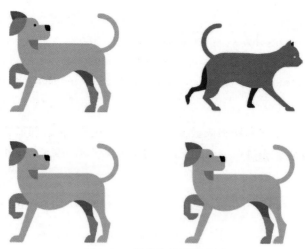

图 2-13　图像异常检测示例

可以检测到两种类型的时间序列异常：
① 尖峰表明系统中暂时出现异常行为。
② 变化点表示系统随时间持续变化的开始。

在 ML.NET 中，IID 尖峰检测或 IID 变化点检测算法适用于独立和同分布的数据集。它们假设输入数据是从一个平稳分布中独立采样的数据点序列。

与其他模型不同，时间序列异常检测器转换直接对输入数据进行操作。IEstimator.Fit() 方法不需要训练数据来生成转换，但需要数据模式，该模式由从 ProductSalesData 的空列表生成的数据视图提供。

异常检测器将分析相同的产品销售数据，以检测尖峰和变化点。尖峰检测和变化点检测的建模和训练过程是相同的，主要区别在于所使用的具体检测算法不同。

2.8.4　尖峰检测

尖峰检测的目标是识别与大多数时间序列数据值显著不同的突然但暂时的数据变化及时发现这些可疑的数据变化非常重要。以下方法可用于检测各种异常，如中断、网络攻击或病毒等。图 2-14 是时间序列数据集中尖峰检测示例。

(1) CreateEmptyDataView() 方法

将以下方法添加到 Program.cs 中：

```
IDataView CreateEmptyDataView(MLContext mlContext){
    //创建空数据视图。
    IEnumerable<ProductSalesData>enumerableData=new List<ProductSalesData>();
    return mlContext.Data.LoadFromEnumerable(enumerableData);
}
```

CreateEmptyDataView() 生成一个具有正确模式的空数据视图对象，用作 IEstimator.Fit() 方法的输入。

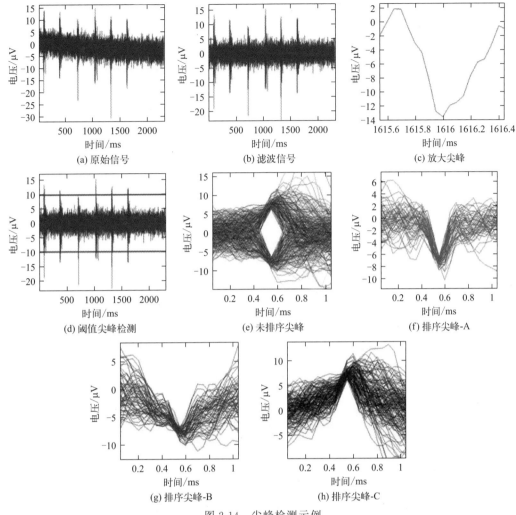

图 2-14 尖峰检测示例

（2）DetectSpike( ) 方法

DetectSpike( ) 方法作用如下：

① 从 Estimator 创建变换。
② 根据历史销售数据检测尖峰。
③ 显示结果。

现在来看具体代码。在 Program.cs 文件底部，使用以下代码创建 DetectSpike( ) 方法：

```
DetectSpike(MLContext mlContext,int docSize,IDataView productSales)
{
    //
}
```

使用 iidSpikeEstimator 训练尖峰检测模型，使用以下代码将其添加到 DetectSpike( ) 方法中：

```
var iidSpikeEstimator=mlContext.Transforms.DetectIidSpike(outputColumnName:
nameof(ProductSalesPrediction.Prediction),inputColumnName:nameof(ProductSales-
Data.numSales),confidence:95d,pvalueHistoryLength:docSize/4);
```

置信度和 pvalueHistoryLength 参数会影响尖峰的检测方式。置信度决定了模型对尖峰的敏感程度。置信度越低,算法越有可能检测到"较小"的尖峰。pvalueHistoryLength 参数定义滑动窗口中的数据点数量。pvalueHistoryLength 越低,模型将越快忘记之前的大峰值。

通过在 DetectSpike() 方法中添加以下代码作来创建尖峰检测变换:

```
ITransformer iidSpikeTransform=iidSpikeEstimator.Fit(CreateEmptyDataView(ml-
Context));
```

添加以下代码行,对数据集的多个输入行进行预测:

```
IDataView transformedData=iidSpikeTransform.Transform(productSales);
```

使用 CreateEnumerable() 方法和以下代码,将数据转换为强类型的 IEnumerable,以便显示:

```
var predictions = mlContext.Data.CreateEnumerable<ProductSalesPrediction>
(transformedData,reuseRowObject:false);
```

使用 Console.WriteLine() 代码创建标题行:

```
Console.WriteLine("Alert\tScore\tP-Value");
```

在尖峰检测结果中显示以下信息:
① 警报,表示给定数据点的尖峰警报。
② 分数,是数据集中给定数据点的 ProductSales 值。
③ P 值,P 代表概率,P 值越接近 0,数据点越有可能出现异常。

使用以下代码迭代预测 IEnumerable 并显示结果:

```
foreach(var p in predictions)
{
    if(p.Prediction is not null)
    {
        var results=$"{p.Prediction[0]}\t{p.Prediction[1]:f2}\t{p.Prediction[2]:F2}";
        if(p.Prediction[0]==1)
        {
        results+="<--Spike detected";
        }
        Console.WriteLine(results);
    }
}
Console.WriteLine("");
```

将 DetectSpike() 方法调用添加到 LoadFromTextFile() 方法下方：

DetectSpike(mlContext,_docsize,dataView);

（3）尖峰检测结果

尖峰检测应输出类似以下内容的结果。为了清楚起见，以下结果中删除了一些消息。

```
=========训练模型===============
=========训练过程结束=============
警报    分数     P值
0      271.00   0.50
0      150.90   0.00
0      188.10   0.41
0      124.30   0.13
0      185.30   0.47
0      173.50   0.47
0      236.80   0.19
0      229.50   0.27
0      197.80   0.48
0      127.90   0.13
1      341.50   0.00<--检测到尖峰
0      190.90   0.48
0      199.30   0.48
0      154.50   0.24
0      215.10   0.42
0      278.30   0.19
0      196.40   0.43
0      292.00   0.17
0      231.00   0.45
0      308.60   0.18
0      294.90   0.19
1      426.60   0.00<--检测到尖峰
0      269.50   0.47
0      347.30   0.21
0      344.70   0.27
0      445.40   0.06
0      320.90   0.49
0      444.30   0.12
0      406.30   0.29
0      442.40   0.21
1      580.50   0.00<--检测到尖峰
0      412.60   0.45
1      687.00   0.01<--检测到尖峰
0      480.30   0.40
0      586.30   0.20
0      651.90   0.14
```

2.9 在 ML.NET 中使用 ONNX 检测对象

2.9.1 环境配置

① 安装 Visual Studio 2022。
② 安装 Microsoft.ML NuGet 包。
③ 安装 Microsoft.ML.ImageAnalytics NuGet 包。
④ 安装 Microsoft.ML.OnnxTransformer NuGet 包。
⑤ 安装微型 YOLOv2 预训练模型。
⑥ 安装 Netron（可选）。

2.9.2 目标检测示例

此示例创建了一个 .NET 核心控制台应用程序，使用预训练的深度学习 ONNX 模型检测图像中的对象。此示例的代码可以在 GitHub 上的 dotnet/machinelearning 示例库中找到。

(1) 什么是目标检测？

目标检测是一个计算机视觉问题。虽然与图像分类密切相关，但目标检测可以在更精细的尺度上进行图像分类。目标检测既可以定位图像中的实体，也可以对其进行分类。目标检测模型通常使用深度学习和神经网络进行训练。

当图像包含多个不同类型的对象时，使用目标检测。图像分类与目标检测示例如图 2-15 所示。

{狗}　　　　　　　　　　　　　{狗，狗，狗，人，人}
(a) 图像分类　　　　　　　　　(b) 目标检测

图 2-15　图像分类与目标检测示例

(2) 目标检测用例

① 自动驾驶汽车。
② 机器人。

③ 人脸检测。
④ 工作场所安全。
⑤ 目标计数。
⑥ 活动识别。

(3) 选择深度学习模型

深度学习是机器学习的一个子集。为了训练深度学习模型，需要大量的数据。数据中的模式由一系列层表示。数据中的关系被编码为包含权重的层之间的连接。权重越高，关系越强。这一系列层和连接被称为人工神经网络。网络中的层数越多，它就越深，从而成为一个深度神经网络。

神经网络有不同类型，最常见的是多层感知器（MLP）、卷积神经网络（CNN）和递归神经网络（RNN）三种。最基本的是 MLP，它将一组输入映射到一组输出。当数据没有空间或时间分量时，这种神经网络是好的。CNN 利用卷积层来处理数据中包含的空间信息。CNN 的一个经典应用是图像处理，可用于检测图像区域中是否存在特征（例如图像中心是否有鼻子）。RNN 允许将状态或内存的持久性用作输入。RNN 用于时间序列分析，其中事件的顺序和上下文很重要。

(4) 了解模型

目标检测是一项图像处理任务，因此，大多数为解决这个问题而训练的深度学习模型都是 CNN。本例使用的模型是 Tiny YOLOv2 模型，这是 YOLOv2 的一个更紧凑的版本。Tiny YOLOv2 是在 Pascal VOC 数据集上训练的，由 15 层组成，可以预测 20 种不同类别的对象。因为 Tiny YOLOv2 是原始 YOLOv2 模型的精简版本，所以在速度和精度之间进行了权衡。组成模型的不同层可以使用 Netron 等工具进行可视化。模型将产生组成神经网络的所有层之间连接的映射，其中每一层都包含层的名称以及相应输入/输出的维度。用于描述模型输入和输出的数据结构称为张量。张量可以被认为是以 N 维数组存储数据的容器。在 Tiny YOLOv2 中，输入层是图像，需要一个维度为 $3\times416\times416$ 的张量存储。输出层是网格，生成尺寸为 $125\times13\times13$ 的输出张量。

模型文件的分层示例如图 2-16 所示。

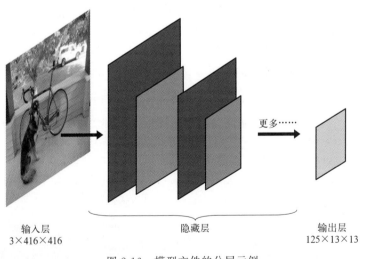

图 2-16　模型文件的分层示例

YOLO 模型的输入为 3×416×416 像素的图像。模型接收这个输入,并将其传递到不同的层以产生输出。最终图像被划分为 13×13 的网格,网格中的每个单元格由 125 个值组成。

(5) ONNX 框架互操作性

ONNX 支持框架之间的互操作性。可以在 PyTorch 等许多流行的机器学习框架中训练模型,将其转换为 ONNX 格式,并在 ML.NET 等不同框架中使用该 ONNX 模型。

ONNX 支持框架之间互操作性的示例如图 2-17 所示。

图 2-17 ONNX 支持框架之间互操作性的示例

预训练的 Tiny YOLOv2 模型以 ONNX 格式存储,ONNX 格式具有层的序列化表示和这些层的学习模式。在 ML.NET 中,通过 ImageAnalytics 和 OnnxTransformer 包实现与 ONNX 的互操作性。ImageAnalytics 包含一系列转换,这些转换将图像编码为数值,可用作预测或训练管道的输入。OnnxTransformer 包利用 ONNX 运行时加载 ONNX 模型,并使用该模型根据输入进行预测。

ONNX 支持框架之间的互操作性原理如图 2-18 所示。

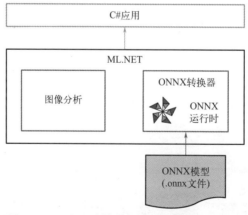

图 2-18 ONNX 支持框架之间的互操作性原理

(6) 设置 .NET 控制台项目

创建控制台应用程序步骤如下:

① 创建一个名为目标检测的 C#控制台应用程序。单击"下一步"按钮。

② 选择 .NET 6 作为框架来使用。单击"创建"按钮。

③ 安装 Microsoft.ML NuGet 包。除非另有说明,否则此示例使用的 NuGet 包均为

最新稳定版本。NuGet 包处理流程如下：

a. 在解决方案资源管理器中，右击项目并选择管理 NuGet 包。

b. 选择 nuget.org 作为包源，选择浏览选项卡，搜索 Microsoft.ML。

c. 点击"安装"按钮。

d. 如果同意所列软件包的许可条款，请在预览更改对话框上点击"确定"按钮，然后在"许可证接受"对话框中选择"接受"按钮。

④ 安装 Microsoft.Windows.Compatibility、Microsoft.ML.ImageAnalytics、Microsoft.ML.OnnxTransformer 和 Microsoft.ML.OnnxRuntime 包，步骤同上。

(7) 准备数据和预训练模型

准备数据和预训练模型步骤如下：

① 下载项目资产目录 zip 文件并解压缩。

② 将 assets 目录复制到 ObjectDetection 项目目录中。此目录及其子目录包含所需的图像文件（Tiny YOLOv2 模型除外，将在下一步下载并添加该模型）。

③ 从 ONNX 模型库下载 Tiny YOLOv2 模型。

④ 将 model.onnx 文件复制到 ObjectDetection 项目 assets \ model 目录中，并将其重命名为 TinyYolo2 _ model.onnx。此目录包含所需的模型。

⑤ 在解决方案资源管理器中，右击资产目录和子目录中的每个文件，然后选择属性。在"高级"选项中，将"复制到输出目录的值"更改为"复制（如果更新）"。

(8) 创建类并定义路径

打开 Program.cs 文件，并在文件顶部添加以下代码：

```
using System.Drawing;
using System.Drawing.Drawing2D;
using ObjectDetection.YoloParser;
using ObjectDetection.DataStructures;
using ObjectDetection;
using Microsoft.ML;
```

接下来，定义各种资产的路径。在 Program.cs 文件的底部创建 GetAbsolutePath 方法，代码如下：

```
string GetAbsolutePath(string relativePath)
{
    FileInfo _dataRoot = new FileInfo(typeof(Program).Assembly.Location);
    string assemblyFolderPath = _dataRoot.Directory.FullName;
    string fullPath = Path.Combine(assemblyFolderPath, relativePath);
    return fullPath;
}
```

在 using 指令下方创建字段来存储资产的位置，代码如下：

```
var assetsRelativePath = @"../../../assets";
string assetsPath = GetAbsolutePath(assetsRelativePath);
```

```
var modelFilePath=Path.Combine(assetsPath,"Model","TinyYolo2_model.onnx");
var imagesFolder=Path.Combine(assetsPath,"images");
var outputFolder=Path.Combine(assetsPath,"images","output");
```

（9）在项目中添加一个新目录来存储输入数据和预测类

在解决方案资源管理器中，右击项目，然后选择"添加"→"新建文件夹"。当新文件夹出现在解决方案资源管理器中后，将其命名为"DataStructures"。

在新创建的 DataStructures 目录中创建输入数据类，步骤如下：

① 在解决方案资源管理器中右击 DataStructures 目录，选择"Add"→"New Item"。

② 在"添加新项"对话框中，选择"类"并将"名称"更改为 ImageNetData.cs。然后，点击"添加"按钮。

③ 在代码编辑器中打开 ImageNetData.cs 文件，写入以下代码：

```
using System.Collections.Generic;
using System.IO;
using System.Linq;
using Microsoft.ML.Data;
```

④ 删除现有的类定义，并将以下代码添加到 ImageNetData.cs 文件中：

```
public class ImageNetData
{
    [LoadColumn(0)]
    public string ImagePath;
    [LoadColumn(1)]
    public string Label;

    public static IEnumerable<ImageNetData>ReadFromFile(string imageFolder)
    {
        return Directory
            .GetFiles(imageFolder)
            .Where(filePath=>Path.GetExtension(filePath)!=".md")
            .Select(filePath=>new ImageNetData{ImagePath=filePath,Label=
              Path.GetFileName(filePath)});
    }
}
```

ImageNetData 是输入图像数据类，具有以下字符串字段：

a. ImagePath：包含存储图像的路径。

b. Label：包含文件的名称。

此外，ImageNetData 包含一个 ReadFromFile 方法，该方法加载存储在指定的 imageFolder 路径中的多个图像文件，并将其作为集合返回。

在 DataStructures 目录中创建预测类的方法如下：

① 在解决方案资源管理器中，右击 DataStructures 目录，然后选择"Add"→"New Item"。

② 在"添加新项"对话框中,选择"类"并将"名称"更改为 ImageNetPrediction. cs。然后,点击"添加"按钮。

③ 在代码编辑器中打开 ImageNetPrediction. cs 文件。写入以下代码:

```
using Microsoft.ML.Data;
```

④ 删除现有的类定义,并将以下代码添加到 ImageNetPrediction. cs 文件中:

```
public class ImageNetPrediction
{
    [ColumnName("grid")]
    public float[]PredictedLabels;
}
```

ImageNetPrediction 是预测数据类,其字段 PredictedLabels 包含图像中检测到的每个边界框的维度、对象性得分和类概率。

(10) 初始化变量

MLContext 类是所有 ML.NET 操作的起点,初始化 MLContext 会创建一个新的 ML.NET 环境,可以在模型创建工作流之间共享。从概念上看,其类似于实体框架中的 DBContext。

使用以下代码实例化 MLContext 对象:

```
MLContext mlContext=new MLContext();
```

(11) 创建一个解析器来处理模型输出

该模型将图像分割成 13×13 的网格,其中每个网格单元为 32 像素×32 像素。每个网格单元包含 5 个潜在的对象边界框,一个边界框有 25 个元素,如图 2-19 所示。

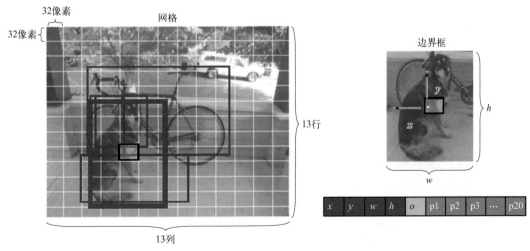

图 2-19 网格与边界框示例

网格与边界框信息如下:

① x 为边界框中心相对于与其关联的网格单元的 x 位置。

② y 为边界框中心相对于与其关联的网格单元的 y 位置。

③ w 为边界框的宽度。

④ h 为边界框的高度。

⑤ o 为对象存在于边界框内的置信度值，也称为对象性得分。

⑥ p1～p20 为模型预测的 20 个类别中每个类别的概率。

图 2-19 所示的网格单元包含 5 个边界框，每个边界框有 25 个元素，即每个网格单元包含 125 个元素。

预训练 ONNX 模型的输出是一个长度为 21125 的浮点数组，表示维度为 $125 \times 13 \times 13$ 的张量元素。为了将模型生成的预测转换为张量，需要一些后处理工作。为此，创建一组类来帮助解析输出。

在项目中添加一个新目录来组织解析器类。在解决方案资源管理器中，右击项目，然后选择"添加"→"新建文件夹"。当新文件夹出现在解决方案资源管理器中后，将其命名为"YoloParser"。

(12) 创建边界框和尺寸

模型输出的数据包含图像中对象边界框的坐标和尺寸，所以需要为尺寸创建基类，步骤如下：

① 在解决方案资源管理器中，右击 YoloParser 目录，然后选择"添加"→"新建项"。

② 在"添加新项"对话框中，选择"类"，将"名称"更改为 DimensionsBase.cs。然后，点击"添加"按钮。

③ 在代码编辑器中打开 DimensionsBase.cs 文件，删除原有代码。将以下代码添加到 DimensionsBase.cs 文件中：

```
public classDimensionsBase
{
    public float X{get;set;}
    public float Y{get;set;}
    public float Height{get;set;}
    public float Width{get;set;}
}
```

DimensionsBase 具有以下属性：

a. X：对象沿 X 轴的位置。

b. Y：对象沿 Y 轴的位置。

c. Height：对象的高度。

d. Width：对象的宽度。

接下来，为边界框创建一个类，步骤如下：

① 在解决方案资源管理器中，右击 YoloParser 目录，然后选择"添加"→"新建项"。

② 在"添加新建项"对话框中，选择"类"并将"名称"更改为 YoloBoundingBox.cs。然后，点击"添加"按钮。

在代码编辑器中打开 YoloBoundingBox.cs 文件。将以下代码添加到 YoloBounding-

Box.cs:

```
using System.Drawing;
```

在现有类定义的正上方,添加一个名为 BoundingBoxDimensions 的新类定义,该类定义继承自 DimensionsBase 类,以包含相应边界框的维度,定义代码如下:

```
public class BoundingBoxDimensions :DimensionsBase{}
```

删除现有的 YoloBoundingBox 类定义,并将以下代码添加到 YoloBounding.cs 文件中:

```
public class YoloBoundingBox
{
    public BoundingBoxDimensions Dimensions{get;set;}
    public string Label{get;set;}
    public float Confidence{get;set;}
    public RectangleF Rect
    {
        get{return new RectangleF(Dimensions.X,Dimensions.Y,Dimensions.Width,Dimensions.Height);}
    }
    public Color BoxColor{get;set;}
}
```

YoloBoundingBox 具有以下属性:

a. Dimensions:边界框的尺寸。

b. Label:在边界框内检测到的对象类别。

c. Confidence:表示类型置信度。

d. Rect:边界框尺寸的矩形表示。

e. BoxColor:与用于在图像上绘制的相应类相关的颜色。

(13)创建解析器

现在已经创建了维度和边界框的类,是时候创建解析器了。

① 在解决方案资源管理器中,右击 YoloParser 目录,然后选择"添加"→"新建项"。

② 在"添加新建项"对话框中,选择"类"并将"名称"更改为 YoloOutputParser.cs。然后,点击"添加"按钮。

③ 在代码编辑器中打开 YoloOutputParser.cs 文件,在 YoloOutputParser.cs 的顶部添加以下代码:

```
using System;
using System.Collections.Generic;
using System.Drawing;
using System.Linq;
```

在现有的 YoloOutputParser 类定义中，添加一个嵌套类，该类包含图像中每个单元格的维度。为继承 DimensionsBase 类的 CellDimensions 类，添加以下代码：

```
class CellDimensions:DimensionsBase{}
```

④ 在 YoloOutputParser 类定义中添加以下常量和字段。

```
public const int ROW_COUNT=13;
public const int COL_COUNT=13;
public const int CHANNEL_COUNT=125;
public const int BOXES_PER_CELL=5;
public const int BOX_INFO_FEATURE_COUNT=5;
public const int CLASS_COUNT=20;
public const float CELL_WIDTH=32;
public const float CELL_HEIGHT=32;
private int channelStride=ROW_COUNT * COL_COUNT;
```

参数说明如下：

a. ROW_COUNT 是图像划分为的网格中的行数。
b. COL_COUNT 是图像划分为的网格中的列数。
c. CHANNEL_COUNT 是网格的一个单元格中包含的值的总数。
d. BOXES_PER_CELL 是单元格中边界框的数量。
e. BOX_INFO_FEATURE_COUNT 是一个框内包含的特征数量。
f. CLASS_COUNT 是每个边界框中包含的类预测数。
g. CELL_WIDTH 是图像网格中一个单元格的宽度。
h. CELL_HEIGHT 是图像网格中一个单元格的高度。
i. channelStride 是网格中当前单元格的起始位置。

⑤ 当模型进行预测时（也称为评分），它将 416 像素×416 像素的输入图像划分为 13×13 大小的单元格网格，每个单元格为 32 像素×32 像素。在每个单元格内有 5 个边界框，每个框包含 5 个特征（x、y、宽度、高度、置信度）。此外，每个边界框包含每个类的概率，在本例中为 20。因此，每个单元格包含 125 条信息（5 个特征＋20 个类别概率）。在 channelStride 下方为 5 个边界框创建锚点列表，代码如下：

```
private float[]anchors=new float[]
{
    1.08F,1.19F,3.42F,4.41F,6.63F,11.38F,9.42F,5.11F,16.62F,10.52F
};
```

锚点是预定义的边界框的高度和宽度比。模型检测到的大多数对象或类具有相似的比率，所以在创建边界框时，计算与预定义尺寸的偏移量，而不是预测边界框，可减少生成边界框的计算量。通常，这些锚定比是基于所使用的数据集计算的。在这种情况下，由于数据集是已知的，并且值是预先计算的，因此可以对锚点进行硬编码。

⑥ 定义模型将预测的标签或类。该模型预测了 20 个类，这 20 个类是原始 YOLOv2

模型预测的类的子集。在锚点下方添加标签列表，代码如下：

```
private string[]labels=new string[]
{
    "aeroplane","bicycle","bird","boat","bottle",
    "bus","car","cat","chair","cow",
    "diningtable","dog","horse","motorbike","person",
    "pottedplant","sheep","sofa","train","tvmonitor"
};
```

每个类都有相应的颜色。在标签下方指定类别颜色，代码如下：

```
private static Color[]classColors=new Color[]
{
    Color.Khaki,
    Color.Fuchsia,
    Color.Silver,
    Color.RoyalBlue,
    Color.Green,
    Color.DarkOrange,
    Color.Purple,
    Color.Gold,
    Color.Red,
    Color.Aquamarine,
    Color.Lime,
    Color.AliceBlue,
    Color.Sienna,
    Color.Orchid,
    Color.Tan,
    Color.LightPink,
    Color.Yellow,
    Color.HotPink,
    Color.OliveDrab,
    Color.SandyBrown,
    Color.DarkTurquoise
};
```

(14) 创建辅助函数

后处理阶段涉及一系列步骤，十分复杂。简化这一过程，可以采用如下几种辅助方法：

① Sigmoid：应用 Sigmoid 函数，输出 0 到 1 之间的数字。
② Softmax：将输入向量归一化为概率分布。
③ GetOffset：将一维模型输出中的元素映射到 125×13×13 张量中的相应位置。
④ ExtractBoundingBoxes：使用 GetOffset 方法从模型输出中提取边界框尺寸。

⑤ GetConfidence：提取置信度值，该值表示模型检测到对象的确定程度，并使用 Sigmoid 函数将其转换为百分比。

⑥ MapBoundingBoxToCell：使用边界框尺寸并将其映射到图像中的相应单元格上。

⑦ ExtractClasses：使用 GetOffset 方法从模型输出中提取边界框的类预测，并使用 Softmax 方法将其转换为概率分布。

⑧ GetTopResult：从具有最高概率的预测类列表中选择类。

⑨ IntersectionOverUnion：过滤概率较低的重叠边界框。

在 classColors 列表下方添加所有辅助方法的代码。代码如下：

```
private float Sigmoid(float value)
{
    var k=(float)Math.Exp(value);
    return k/(1.0f+k);
}
private float[]Softmax(float[]values)
{
    var maxVal=values.Max();
    var exp=values.Select(v=>Math.Exp(v-maxVal));
    var sumExp=exp.Sum();
    return exp.Select(v=>(float)(v/sumExp)).ToArray();
}
private int GetOffset(int x,int y,int channel)
{
    //YOLO 输出一个形状为 125×13×13 的张量，WinML 将其扁平化为 1D 数
    //组。要访问给定(x,y)单元位置的特定通道,需要计算阵列中的偏移量
    return(channel * this.channelStride)+(y * COL_COUNT)+x;
}
private BoundingBoxDimensions ExtractBoundingBoxDimensions(float[]modelOutput,int x,int y,int channel)
{
    return new BoundingBoxDimensions
    {
        X=modelOutput[GetOffset(x,y,channel)],
        Y=modelOutput[GetOffset(x,y,channel+1)],
        Width=modelOutput[GetOffset(x,y,channel+2)],
        Height=modelOutput[GetOffset(x,y,channel+3)]
    };
}
private float GetConfidence(float[]modelOutput,int x,int y,int channel)
{
    return Sigmoid(modelOutput[GetOffset(x,y,channel+4)]);
}
```

```csharp
        private CellDimensions MapBoundingBoxToCell(int x,int y,int box,BoundingBoxDimensions boxDimensions)
        {
            return new CellDimensions
            {
                X=((float)x+Sigmoid(boxDimensions.X))*CELL_WIDTH,
                Y=((float)y+Sigmoid(boxDimensions.Y))*CELL_HEIGHT,
                Width=(float)Math.Exp(boxDimensions.Width)*CELL_WIDTH*anchors[box*2],
                Height=(float)Math.Exp(boxDimensions.Height)*CELL_HEIGHT*anchors[box*2+1],
            };
        }
        public float[]ExtractClasses(float[]modelOutput,int x,int y,int channel)
        {
            float[]predictedClasses=new float[CLASS_COUNT];
            int predictedClassOffset=channel+BOX_INFO_FEATURE_COUNT;
            for(int predictedClass=0;predictedClass<CLASS_COUNT;predictedClass++)
            {
                predictedClasses[predictedClass]=modelOutput[GetOffset(x,y,predictedClass+predictedClassOffset)];
            }
            return Softmax(predictedClasses);
        }

        private ValueTuple<int,float>GetTopResult(float[]predictedClasses)
        {
            return predictedClasses
                .Select((predictedClass,index)=>(Index:index,Value:predictedClass))
                .OrderByDescending(result=>result.Value)
                .First();
        }
        private float IntersectionOverUnion(RectangleF boundingBoxA,RectangleF boundingBoxB)
        {
            var areaA=boundingBoxA.Width*boundingBoxA.Height;
            if(areaA<=0)
                return 0;
            var areaB=boundingBoxB.Width*boundingBoxB.Height;
            if(areaB<=0)
                return 0;
            var minX=Math.Max(boundingBoxA.Left,boundingBoxB.Left);
            var minY=Math.Max(boundingBoxA.Top,boundingBoxB.Top);
```

```
    var maxX=Math.Min(boundingBoxA.Right,boundingBoxB.Right);
    var maxY=Math.Min(boundingBoxA.Bottom,boundingBoxB.Bottom);
    var intersectionArea=Math.Max(maxY-minY,0)*Math.Max(maxX-minX,0);
    return intersectionArea/(areaA+areaB-intersectionArea);
}
```

一旦定义了所有辅助方法,就可以使用它们来处理模型输出了。

在 IntersectionOverUnion 方法下方创建 ParseOutputs 方法来处理模型生成的输出,代码如下:

```
public IList<YoloBoundingBox> ParseOutputs(float[] yoloModelOutputs,float threshold=.3F)
{

}
```

创建一个列表来存储边界框,在 ParseOutputs 方法中将其定义为变量 boxes,代码如下:

```
var boxes=new List<YoloBoundingBox>();
```

每张图像被划分为 13×13 的单元格网格,每个单元格包含 5 个边界框。在 boxes 变量下方添加代码以处理每个单元格中的所有框:

```
for(int row=0;row<ROW_COUNT;row++)
{
    for(int column=0;column<COL_COUNT;column++)
    {
        for(int box=0;box<BOXES_PER_CELL;box++)
        {

        }
    }
}
```

在最内层的循环中,计算当前框在一维模型输出中的起始位置,代码如下:

```
var channel=(box*(CLASS_COUNT+BOX_INFO_FEATURE_COUNT));
```

在其后添加代码,使用 ExtractBoundingBoxDimensions 方法获取当前边界框的尺寸:

```
BoundingBoxDimensionsboundingBoxDimensions = ExtractBoundingBoxDimensions(yoloModelOutputs,row,column,channel);
```

然后使用 GetConfidence 方法获取当前边界框的置信度:

```
float confidence=GetConfidence(yoloModelOutputs,row,column,channel);
```

之后，使用 MapBoundingBoxToCell 方法将当前边界框映射到正在处理的当前单元格：

```
CellDimensions mappedBoundingBox=MapBoundingBoxToCell(row,column,box,boundingBoxDimensions);
```

在进行任何进一步处理之前，可检查置信度值是否大于提供的阈值。如果没有，则处理下一个边界框。检查代码如下：

```
if(confidence<threshold)
    continue;
```

否则，继续处理输出。下一步是使用 ExtractClasses 方法获得当前边界框的预测类的概率分布：

```
float[] predictedClasses=ExtractClasses(yoloModelOutputs,row,column,channel);
```

然后，使用 GetTopResult 方法获取当前框具有最高概率的类的值和索引，并计算其得分：

```
var(topResultIndex,topResultScore)=GetTopResult(predictedClasses);
var topScore=topResultScore*confidence;
```

使用 topScore 再次仅保留那些高于指定阈值的边界框：

```
if(topScore<threshold)
    continue;
```

最后，如果当前边界框超过阈值，则创建一个新的 BoundingBox 对象并将其添加到框列表中：

```
boxes.Add(new YoloBoundingBox()
{
    Dimensions=new BoundingBoxDimensions
    {
        X=(mappedBoundingBox.X-mappedBoundingBox.Width/2),
        Y=(mappedBoundingBox.Y-mappedBoundingBox.Height/2),
        Width=mappedBoundingBox.Width,
        Height=mappedBoundingBox.Height,
    }
    Confidence=topScore,
    Label=labels[topResultIndex],
    BoxColor=classColors[topResultIndex]
})
```

处理完图像中的所有单元格后，返回框列表。在 ParseOutputs 方法中最外层的 for 循环下方添加以下 return 语句：

```
return boxes;
```

（15）过滤重叠框

所有高置信度的边界框都已从模型输出中提取出后，需要进行额外的过滤以删除重叠的图像。在 ParseOutputs 方法下面添加一个名为 FilterBoundingBoxes 的方法：

```
public IList<YoloBoundingBox> FilterBoundingBoxes(IList<YoloBoundingBox> boxes,int limit,float threshold)
{
}
```

在 FilterBoundingBoxes 方法中，首先创建一个与检测到的框大小相等的数组，并将所有插槽标记为活动或准备处理。代码如下：

```
var activeCount=boxes.Count;
var isActiveBoxes=new bool[boxes.Count];
for(int i=0;i<isActiveBoxes.Length;i++)
    isActiveBoxes[i]=true;
```

然后，根据置信度按降序对包含边界框的列表进行排序：

```
var sortedBoxes=boxes.Select((b,i)=>new{Box=b,Index=i})
    .OrderByDescending(b=>b.Box.Confidence)
    .ToList();
```

之后，创建一个列表来保存筛选后的结果：

```
var results=new List<YoloBoundingBox>();
```

迭代处理每个边界框，代码如下：

```
for(int i=0;i<boxes.Count;i++)
{

}
```

在这个 for 循环中，检查是否可以处理当前的边界框：

```
if(isActiveBoxes[i])
{

}
```

如果为真，将边界框添加到结果列表中。如果结果超过了要提取的框的指定限制，则跳出循环。在 if 语句中添加以下代码：

```
var boxA=sortedBoxes[i].Box;
results.Add(boxA);

if(results.Count>=limit)
    break;
```

如果为假，则处理下一个边界框。在框边界检测代码下方添加以下代码：

```
for(var j=i+1;j<boxes.Count;j++)
{

}
```

与第一个循环一样，如果相邻的框处于活动状态或准备处理，应使用 Intersection OverUnion 方法检查第一个框和第二个框是否超过指定的阈值。将以下代码添加到最内层的 for 循环中：

```
if(isActiveBoxes[j])
{
    var boxB=sortedBoxes[j].Box;

    if(IntersectionOverUnion(boxA.Rect,boxB.Rect)>threshold)
    {
        isActiveBoxes[j]=false;
        activeCount--;

        if(activeCount<=0)
            break;
    }
}
```

查看是否还有剩余的边界框需要处理。如果没有，则跳出循环。

```
if(activeCount<=0)
    break;
```

最后，返回结果：

```
return results;
```

现在，是时候将此代码与评分模型一起使用了。

(16) 使用该模型进行评分

就像后处理一样，评分也有几个步骤。为了实现评分，需在项目中添加一个包含评分逻辑的类。

① 在解决方案资源管理器中，右击项目，然后选择"添加"→"新建项"。

② 在"添加新项"对话框中，选择"类"并将"名称"更改为 OnnxModelScorer.cs。然后，点击"添加"按钮。

③ 在代码编辑器中打开 OnnxModelScorer.cs 文件。在 OnnxModelScorer.cs 的顶部添加以下代码：

```
using System;
using System.Collections.Generic;
using System.Linq;
using Microsoft.ML;
using Microsoft.ML.Data;
using ObjectDetection.DataStructures;
using ObjectDetection.YoloParser;
```

在 OnnxModelScorer 类定义中，添加以下变量：

```
private readonly string imagesFolder;
private readonly string modelLocation;
private readonly MLContext mlContext;
private IList<YoloBoundingBox> _boundingBoxes=new List<YoloBoundingBox>();
```

④ 为 OnnxModelScorer 类创建一个构造函数，用于初始化之前定义的变量。代码如下：

```
public OnnxModelScorer(string imagesFolder,string modelLocation,MLContext mlContext)
{
    this.imagesFolder=imagesFolder;
    this.modelLocation=modelLocation;
    this.mlContext=mlContext;
}
```

⑤ 创建构造函数后，定义几个包含与图像和模型设置相关的变量的结构。创建一个名为 ImageNetSettings 的结构体，以存储作为模型输入的预期高度和宽度。代码如下：

```
public struct ImageNetSettings
{
    public const int imageHeight=416;
    public const int imageWidth=416;
}
```

⑥ 创建另一个名为 TinyYoloModelSettings 的结构，其中存储模型的输入层和输出层的名称。要可视化模型的输入层和输出层的名称，可以使用 Netron 等工具。代码如下：

```
public struct TinyYoloModelSettings
{
```

```
//检查Tiny yolo2模型的输入和输出参数名称,可以使用Visual Studio AI
//tools安装的Netron等工具
    //输入张量名称
    public const string ModelInput="image";
    //输出张量名称
    public const string ModelOutput="grid";
}
```

⑦ 创建用于评分的第一组方法。在OnnxModelScorer类中创建LoadModel方法。代码如下:

```
private ITransformer LoadModel(string modelLocation)
{

}
```

在LoadModel方法中,添加以下代码:

```
Console.WriteLine("Read model");
Console.WriteLine($"Model location:{modelLocation}");
Console.WriteLine($"Default parameters:imagesize=({ImageNetSettings.imageWidth},{ImageNetSettings.imageHeight})");
```

⑧ ML.NET管道需要知道在调用Fit方法时要操作的数据模式。在这种情况下,将进行类似于训练的过程。但是由于没有进行实际的训练,因此可以使用空的ViewModel View。以空列表为管道创建新的ViewModel视图,代码如下:

```
var data=mlContext.Data.LoadFromEnumerable(new List<ImageNetData>());
```

⑨ 定义管道。该管道将包括四个改造:
a. LoadImages,将图像作为位图加载。
b. ResizeImages,将图像重新缩放到指定的大小(在本例中为416×416)。
c. ExtractPixels,将图像的像素表示从位图更改为数值向量。
d. ApplyOnnxModel,加载ONNX模型,并使用它对提供的数据进行评分。
在数据变量下方的LoadModel方法中定义管道,代码如下:

```
var pipeline=mlContext.Transforms.LoadImages(outputColumnName:"image",imageFolder:"",inputColumnName:nameof(ImageNetData.ImagePath))
            .Append(mlContext.Transforms.ResizeImages(outputColumnName:"image",imageWidth:ImageNetSettings.imageWidth,imageHeight:ImageNetSettings.imageHeight,inputColumnName:"image"))
            .Append(mlContext.Transforms.ExtractPixels(outputColumn Name:"image"))
            .Append(mlContext.Transforms.ApplyOnnxModel(modelFile:modelLocation,outputColumnNames:new[]{TinyYoloModelSettings.ModelOutput},inputColumnNames:new[]{TinyYoloModelSettings.ModelInput}));
```

⑩ 实例化评分模型。调用管道上的 Fit 方法并返回以进行进一步处理。代码如下：

```
var model=pipeline.Fit(data);
return model;
```

加载模型后，就可以使用它进行预测。为了加速这一过程，在 LoadModel 方法下面创建一个名为 PredictDataUsingModel 的方法。代码如下：

```
private IEnumerable<float[]> PredictDataUsingModel(IDataView testData, ITransformer model)
{

}
```

在 PredictDataUsingModel 中，添加以下代码：

```
Console.WriteLine($"图像位置:{imagesFolder}");
Console.WriteLine("");
Console.WriteLine("=====标识图像中的对象=====");
Console.WriteLine("");
```

然后，使用 Transform 方法对数据进行评分，代码如下：

```
IDataView scoredData=model.Transform(testData);
```

提取预测概率并将其返回以进行额外处理，代码如下：

```
IEnumerable<float[]> probabilities = scoredData.GetColumn<float[]>(TinyYoloModelSettings.ModelOutput);
return probabilities;
```

现在这两个步骤都设置好了，将它们组合成一个方法。在 PredictDataUsingModel 方法下方添加一个名为 Score 的新方法，代码如下：

```
public IEnumerable<float[]> Score(IDataView data)
{
    var model=LoadModel(modelLocation);
    return PredictDataUsingModel(data,model);
}
```

现在，是时候将其全部投入使用了。

（17）检测物体

现在所有的设置都已完成，是时候检测一些对象了。在 mlContext 变量的创建下面，添加 try-catch 语句：

```
try
{
```

```
}
catch(Exception ex)
{
    Console.WriteLine(ex.ToString());
}
```

在 try 块内部开始实现对象检测逻辑。首先，将数据加载到 ViewModel 视图中，代码如下：

```
IEnumerable<ImageNetData> images=ImageNetData.ReadFromFile(imagesFolder);
IDataView imageDataView=mlContext.Data.LoadFromEnumerable(images);
```

然后，创建 OnnxModelScorer 的实例，并使用它对加载的数据进行评分，代码如下：

```
//创建模型评分器实例
var modelScorer=new OnnxModelScorer(imagesFolder,modelFilePath,mlContext);
//使用模型对数据进行评分
IEnumerable<float[]>probabilities=modelScorer.Score(imageDataView);
```

创建 YoloOutputParser 的实例并使用它来处理模型输出，代码如下：

```
YoloOutputParser parser=new YoloOutputParser();
var boundingBoxes=
    probabilities
    .Select(probability=>parser.ParseOutputs(probability))
    .Select(boxes=>parser.FilterBoundingBoxes(boxes,5,.5F));
```

处理完模型输出后，可以在图像上绘制边界框了。

(18) 可视化预测

在模型对图像进行评分并处理输出后，必须在图像上绘制边界框。为此，需在 Program.cs 中的 GetAbsolutePath 方法下方添加一个名为 DrawingBox 的方法，代码如下：

```
void DrawBoundingBox(string inputImageLocation, string outputImageLocation,
string imageName,IList<YoloBoundingBox>filteredBoundingBoxes)
{

}
```

首先，加载图像并在 DrawBoundingBox 方法中获取高度和宽度尺寸：

```
Image image=Image.FromFile(Path.Combine(inputImageLocation,imageName));
var originalImageHeight=image.Height;
var originalImageWidth=image.Width;
```

然后创建 foreach 循环，迭代模型检测到的每个边界框：

```
foreach(var box in filteredBoundingBoxes)
{

}
```

在 foreach 循环的内部，获取边界框的尺寸：

```
var x=(uint)Math.Max(box.Dimensions.X,0);
var y=(uint)Math.Max(box.Dimensions.Y,0);
var width=(uint)Math.Min(originalImageWidth-x,box.Dimensions.Width);
var height=(uint)Math.Min(originalImageHeight-y,box.Dimensions.Height);
```

因为边界框的尺寸对应于 416×416 的模型输入，所以缩放边界框尺寸以匹配图像的实际大小：

```
x=(uint)originalImageWidth*x/OnnxModelScorer.ImageNetSettings.imageWidth;
y=(uint)originalImageHeight*y/OnnxModelScorer.ImageNetSettings.imageHeight;
width=(uint)originalImageWidth*width/OnnxModelScorer.ImageNetSettings.imageWidth;
height=(uint)originalImageHeight*height/OnnxModelScorer.ImageNetSettings.imageHeight;
```

然后，为将出现在每个边界框上方的文本定义一个模板。文本将包含相应边界框内对象的类以及置信度。代码如下：

```
string text=$"{box.Label}({(box.Confidence*100).ToString("0")}%)";
```

为了在图像上绘制，应将其转换为 Graphics 对象：

```
using(Graphics thumbnailGraphic=Graphics.FromImage(image))
{

}
```

在 using 代码块中，调整图形的 Graphics 对象设置：

```
thumbnailGraphic.CompositingQuality=CompositingQuality.HighQuality;
thumbnailGraphic.SmoothingMode=SmoothingMode.HighQuality;
thumbnailGraphic.InterpolationMode=InterpolationMode.HighQualityBicubic;
```

设置文本和边界框的字体和颜色选项，代码如下：

```
//定义文本选项
Font drawFont=new Font("Arial",12,FontStyle.Bold);
SizeF size=thumbnailGraphic.MeasureString(text,drawFont);
SolidBrush fontBrush=newSolidBrush(Color.Black);
```

```
Point atPoint=new Point((int)x,(int)y-(int)size.Height-1);
//定义 BoundingBox 选项
Pen pen=new Pen(box.BoxColor,3.2f);
SolidBrush colorBrush=new SolidBrush(box.BoxColor);
```

使用 FillRectangle 方法在边界框上方创建并填充一个矩形以包含文本，这将有助于对比文本并提高可读性。代码如下：

```
thumbnailGraphic.FillRectangle(colorBrush,(int)x,(int)(y-size.Height-1),(int)size.Width,(int)size.Height);
```

然后，使用 DrawString 和 DrawRectangle 方法在图像上绘制文本和边界框：

```
thumbnailGraphic.DrawString(text,drawFont,fontBrush,atPoint);
//在图像上绘制边界框
thumbnailGraphic.DrawRectangle(pen,x,y,width,height);
```

在 foreach 循环之外添加代码，以将图像保存在 outputFolder 中：

```
if(!Directory.Exists(outputImageLocation))
{
    Directory.CreateDirectory(outputImageLocation);
}
image.Save(Path.Combine(outputImageLocation,imageName));
```

要获得应用程序在运行时按预期进行预测的额外反馈，应在 Program.cs 文件中的 DrawBoundingBox 方法下方添加一个名为 LogDetectedObjects 的方法，将检测到的对象输出到控制台：

```
void LogDetectedObjects(string imageName,IList<YoloBoundingBox>boundingBoxes)
{
    Console.WriteLine($".....图像{imageName}中的对象检测如下....");
    foreach(var box in boundingBoxes)
    {
        Console.WriteLine($"{box.Label}及其置信度得分:{box.Confidence}");
    }
    Console.WriteLine("");
}
```

现在已经有了从预测中创建视觉反馈的辅助方法，添加一个 for 循环来迭代每个评分图像：

```
for(var i=0;i<images.Count();i++)
{


}
```

在 for 循环中获取图像文件的名称及其关联的边界框:

```
string imageFileName=images.ElementAt(i).Label;
IList<YoloBoundingBox>detectedObjects=boundingBoxes.ElementAt(i);
```

下面,使用 DrawBoundingBox 方法在图像上绘制边界框:

```
DrawBoundingBox(imagesFolder,outputFolder,imageFileName,detectedObjects);
```

最后,使用 LogDetectedObjects 方法将预测输出到控制台:

```
LogDetectedObjects(imageFileName,detectedObjects);
```

在 try-catch 语句之后,添加额外的逻辑以指示进程已完成运行:

```
Console.WriteLine("=========进程结束…点击任何键=========");
```

(19) 结果

按照前面的步骤操作后,运行控制台应用程序(Ctrl+F5)。结果应该与以下输出类似。可能会生成警告或处理消息,但为了清楚起见,这类消息已从以下结果中删除。

```
=====识别图像中的对象=====
……图像 image1.jpg 中的对象检测如下….
汽车及其置信度得分:0.9697262
汽车及其置信度得分:0.6674225
人及其置信度得分:0.5226039
汽车及其置信度得分:0.5224892
汽车及其置信度得分:0.4675332
……图像 image2.jpg 中的对象检测如下….
猫及其置信度得分:0.6461141
猫及其置信度得分:0.6400049
……图像 image3.jpg 中的对象检测如下….
椅子及其置信度得分:0.840578
椅子及其置信度得分:0.796363
餐桌及其置信度得分:0.6056048
餐桌及其置信度得分:0.3737402
……图像 image4.jpg 中的对象检测如下….
狗及其置信度得分:0.7608147
人及其置信度得分:0.6321323
狗及其置信度得分:0.5967442
人及其置信度得分:0.5730394
人及其置信度得分:0.5551759
=========进程结束…点击任何键=========
```

要查看带有边界框的图像,可导航到 assets/images/output/目录。一个处理过的图像样本的目标检测结果示例如图 2-20 所示。

图 2-20　目标检测结果示例

现在,通过在 ML.NET 中重用预训练的 ONNX 模型,已经成功构建了用于对象检测的机器学习模型。

第3章

ONNX各种功能与性能分析

3.1 Python API 概述

3.1.1 加载 ONNX 模型

代码如下:

```
import onnx
# onnx_model 是内存中的 ModelProto
onnx_model=onnx.load("path/to/the/model.onnx")
```

可运行的 IPython:load _ model. ipynb。

3.1.2 加载带有外部数据的 ONNX 模型

如果外部数据在模型的同一目录下,只需使用 onnx.load(),代码如下:

```
import onnx
onnx_model=onnx.load("path/to/the/model.onnx")
```

如果外部数据在另一个目录下,可使用 load_external_data_for_model() 指定目录路径,并使用 onnx.load() 加载,代码如下:

```
import onnx
from onnx.external_data_helper import load_external_data_for_model
onnx_model=onnx.load("path/to/the/model.onnx",load_external_data=False)
load_external_data_for_model(onnx_model,"data/directory/path/")
# onnx_model 已从特定目录加载了外部数据
```

(1) 将原始数据转换为外部数据

代码如下:

```
from onnx.external_data_helper import convert_model_to_external_data
# onnx_model 是内存中的 ModelProto
onnx_model=...
convert_model_to_external_data(onnx_model,all_tensors_to_one_file=True,location="filename",size_threshold=1024,convert_attribute=False)
# onnx_model 将原始数据转换为外部数据
# 后面必须是保存代码
```

(2) 保存 ONNX 模型

代码如下:

```
import onnx
# onnx_model 是内存中的 ModelProto
onnx_model=...
# 保存 ONNX 模型
onnx.save(onnx_model,"path/to/the/model.onnx")
```

可运行的 IPython:save_model.ipynb。

(3) 将 ONNX 模型转换为外部数据并保存

代码如下:

```
import onnx
# onnx_model 是内存中的 ModelProto
onnx_model=...
onnx.save_model(onnx_model,"path/to/save/the/model.onnx",save_as_external_data=True,all_tensors_to_one_file=True,location="filename",size_threshold=1024,convert_attribute=False)
```

onnx_model 将外部数据保存到特定目录中。

3.1.3 操作 TensorProto 和 Numpy 数组

代码如下:

```
importnumpy
import onnx
from onnx import numpy_helper
# 预处理:创建 Numpy 数组
numpy_array=numpy.array([[1.0,2.0,3.0],[4.0,5.0,6.0]],dtype=float)
print(f"原始 Numpy 数组:\n{numpy_array}\n")
```

```python
# 将 Numpy 数组转换为 TensorProto
tensor = numpy_helper.from_array(numpy_array)
print(f"TensorProto:\n{tensor}")
# 将 TensorProto 转换为 Numpy 数组
new_array = numpy_helper.to_array(tensor)
print(f"After round trip,Numpy array:\n{new_array}\n")
# 保存 TensorProto
with open("tensor.pb","wb")as f:
    f.write(tensor.SerializeToString())
# 加载 TensorProto
new_tensor = onnx.TensorProto()
with open("tensor.pb","rb")as f:
    new_tensor.ParseFromString(f.read())
print(f"After saving and loading,new TensorProto:\n{new_tensor}")
from onnx import TensorProto,helper
# 用于映射 ONNX IR 中属性的转换实用程序
# 以下功能在 ONNX 1.13 之后可用
np_dtype = helper.tensor_dtype_to_np_dtype(TensorProto.FLOAT)
print(f"转换后的 numpy dtype{helper.tensor_dtype_to_string(TensorProto.FLOAT)}"
    f"是{np_dtype}.")
storage_dtype = helper.tensor_dtype_to_storage_tensor_dtype(TensorProto.FLOAT)
print(f"存储数据类型{helper.tensor_dtype_to_string(TensorProto.FLOAT)}是{helper."
    f"tensor_dtype_to_string(storage_dtype)}.")
field_name = helper.tensor_dtype_to_field(TensorProto.FLOAT)
print(f"字段名称{helper.tensor_dtype_to_string(TensorProto.FLOAT)}是{field_"
    f"name}.")
tensor_dtype = helper.np_dtype_to_tensor_dtype(np_dtype)
print(f" numpy dtype 的张量数据类型:{np_dtype}是{helper.tensor_dtype_to_string"
    f"(tensor_dtype)}.")
for tensor_dtype in helper.get_all_tensor_dtypes():
    print(helper.tensor_dtype_to_string(tensor_dtype))
```

可运行的 IPython:np_array_tensorproto.ipynb。

3.1.4 使用辅助函数创建 ONNX 模型

代码如下:

```
import onnx
from onnx import helper
from onnx import AttributeProto,TensorProto,GraphProto
```

```python
# 创建一个输入(ValueInfoProto)
X=helper.make_tensor_value_info("X",TensorProto.FLOAT,[3,2])
pads=helper.make_tensor_value_info("pads",TensorProto.FLOAT,[1,4])
value=helper.make_tensor_value_info("value",AttributeProto.FLOAT,[1])
# 创建输出(ValueInfoProto)
Y=helper.make_tensor_value_info("Y",TensorProto.FLOAT,[3,4])
# 创建节点(NodeProto)
node_def=helper.make_node(
    "Pad",                      # 名称
    ["X","pads","value"],       # 输入
    ["Y"],                      # 输出
    mode="constant",            # 属性
)
# 创建图形(GraphProto)
graph_def=helper.make_graph(
    [node_def],                 # 节点
    "test-model",               # 名称
    [X,pads,value],             # 输入
    [Y],                        # 输出
)
# 创建模型(ModelProto)
model_def=helper.make_model(graph_def,producer_name="onnx-example")
print(f"模型是:\n{model_def}")
onnx.checker.check_model(model_def)
print("模型已检查!")
```

可运行 IPython：

① make_model.ipynb。

② Protobufs.ipynb。

3.1.5 用于映射 ONNX IR 中属性的转换实用程序

代码如下：

```
from onnx import TensorProto,helper
np_dtype=helper.tensor_dtype_to_np_dtype(TensorProto.FLOAT)
print(f"转换后的 numpy dtype{helper.tensor_dtype_to_string(TensorProto.FLOAT)}
    是{np_dtype}.")
field_name=helper.tensor_dtype_to_field(TensorProto.FLOAT)
print(f"字段名称{helper.tensor_dtype_to_string(TensorProto.FLOAT)}是{field_name}.")
# 还有其他有用的转换工具,可参考 onnx.helper。
```

3.1.6 检查 ONNX 模型

代码如下:

```python
import onnx
# 预处理:加载 ONNX 模型
model_path = "path/to/the/model.onnx"
onnx_model = onnx.load(model_path)
print(f"模型是:\n{onnx_model}")
# 检查模型
try:
    onnx.checker.check_model(onnx_model)
except onnx.checker.ValidationError as e:
    print(f"模型无效:{e}")
else:
    print("模型有效!")
```

可运行的 IPython:check_model.ipynb。

(1) 检查大 ONNX 模型

当前检查器支持使用外部数据检查模型,但对于大于 2GB 的模型,可使用 onnx.checker 的模型路径,外部数据需要在同一目录下。代码如下:

```python
import onnx
onnx.checker.check_model("path/to/the/model.onnx")
# 如果模型大于 2GB,onnx.checker.check_model(loaded_onnx_model)将失败
```

(2) 在 ONNX 模型上运行形状推理

代码如下:

```python
import onnx
from onnx import helper,shape_inference
from onnx import TensorProto
# 预处理:创建一个有两个节点的模型,Y 的形状未知
node1 = helper.make_node("Transpose",["X"],["Y"],perm=[1,0,2])
node2 = helper.make_node("Transpose",["Y"],["Z"],perm=[1,0,2])
graph = helper.make_graph(
    [node1,node2],
    "two-transposes",
    [helper.make_tensor_value_info("X",TensorProto.FLOAT,(2,3,4))],
    [helper.make_tensor_value_info("Z",TensorProto.FLOAT,(2,3,4))],
)
original_model = helper.make_model(graph,producer_name="onnx-examples")
# 检查模型并打印 Y 的形状信息
```

```
onnx.checker.check_model(original_model)
print(f"在形状推理之前,Y 的形状信息为:\n{original_model.graph.value_info}")
# 在模型上应用形状推理
inferred_model=shape_inference.infer_shapes(original_model)
# 检查模型并打印 Y 的形状信息
onnx.checker.check_model(inferred_model)
print(f"形状推理后,Y 的形状信息为:\n{inferred_model.graph.value_info}")
```

可运行的 IPython：shape_inference.ipynb。

(3) 大于 2GB 的大型 ONNX 模型的形状推理

当前 shape_inference 支持具有外部数据的模型，但对于大于 2GB 的模型，可使用 onnx.shape_inference.infer_shapes_path 的模型路径，外部数据需要在同一目录下。可以指定保存推理模型的输出路径；否则，默认输出路径与原始模型路径相同。代码如下：

```
import onnx
# 将推理出的模型输出到原始模型路径
onnx.shape_inference.infer_shapes_path("path/to/the/model.onnx")
# 将推理的模型输出到指定的模型路径
onnx.shape_inference.infer_shapes_path("path/to/the/model.onnx","output/inferred/model.onnx")
# 如果给定的模型大于 2GB,则 inferred_model=onnx.shape_inference.infer_shapes(loaded_onnx_model)将失败
# 在 ONNX 函数上运行类型推理
import onnx
import onnx.helper
import onnx.parser
import onnx.shape_inference
function_text="""
    <opset_import:[""  :18 ],domain:"local">
    CastTo<dtype>(x)=>(y){
        y=Cast<to :int=@dtype>(x)
    }
"""
function=onnx.parser.parse_function(function_text)
# 上面的函数有一个输入参数 x 和一个属性参数 dtype
# 要将类型和形状推理应用于此函数,必须提供输入参数的类型和属性参数
# 的属性值,如下所示
float_type_=onnx.helper.make_tensor_type_proto(1,None)
dtype_6=onnx.helper.make_attribute("dtype",6)
result=onnx.shape_inference.infer_function_output_types(
    function,[float_type_],[dtype_6]
)
print(result)# 包含(单个)输出类型的列表
```

在默认域（""/"ai.onnx"）内转换 ONNX 模型的版本，代码如下：

```
import onnx
from onnx import version_converter,helper
# 预处理:加载要转换的模型
model_path="path/to/the/model.onnx"
original_model=onnx.load(model_path)
print(f"转换前的模型:\n{original_model}")
# 对原始模型应用版本转换
converted_model=version_converter.convert_version(original_model,<int tar-
    get_version>)
print(f"转换后的模型:\n{converted_model}")
```

3.1.7　ONNX 实用功能

（1）使用输入输出张量名称提取子模型

函数 extract_model()可从 ONNX 模型中提取子模型。子模型由输入和输出张量的名称精确定义。代码如下：

```
import onnx
input_path="path/to/the/original/model.onnx"
output_path="path/to/save/the/extracted/model.onnx"
input_names=["input_0","input_1","input_2"]
output_names=["output_0","output_1"]
onnx.utils.extract_model(input_path,output_path,input_names,output_names)
```

对于控制流运算符，例如 If 和 Loop，由输入和输出张量定义的子模型的边界，不应作为运算符属性连接到主图的子图。

（2）ONNX 组合

onnx.compose 模块提供了创建组合模型的工具。

① onnx.compose.merge_models 可用于合并两个模型，其将第一个模型的一些输出与第二个模型的输入连接起来。默认情况下，io_map 参数中不存在的输入/输出将保持为组合模型的输入/输出。

在下面示例中，通过将第一个模型的每个输出连接到第二个模型的输入来合并两个模型。得到的模型将与第一个模型具有相同的输入，与第二个模型具有同样的输出。代码如下：

```
import onnx
model1=onnx.load("path/to/model1.onnx")
# agraph(float[N]A,float[N]B)=>(float[N]C,float[N]D)
#   {
#       C=Add(A,B)
```

```
#         D=Sub(A,B)
#     }
model2=onnx.load("path/to/model2.onnx")
#   agraph(float[N]X,float[N]Y)=>(float[N]Z)
#     {
#         Z=Mul(X,Y)
#     }
combined_model=onnx.compose.merge_models(
    model1,model2,
    io_map=[("C","X"),("D","Y")]
)
```

此外,用户可以指定要包含在组合模型中的输入/输出列表,从而有效地删除图形中对组合模型输出没有贡献的部分。在下面的示例中,只将第一个模型中的两个输出中的一个连接到第二个模型的两个输入。通过明确指定组合模型的输出,删除第一个模型中未消耗的输出以及图的相关部分:

```
import onnx
# 默认情况。将所有输出包含在组合模型中
combined_model=onnx.compose.merge_models(
    model1,model2,
    io_map=[("C","X"),("C","Y")],
) # 输出:"D","Z"
# 显式输出。组合模型中不存在"Y"输出和子节点
combined_model=onnx.compose.merge_models(
    model1,model2,
    io_map=[("C","X"),("C","Y")],
    outputs=["Z"],
) # 输出:"Z"
```

② onnx.compose.add_prefix 允许为模型中的名称添加前缀,以避免合并它们时发生名称冲突。默认情况下,该函数将重命名图中的所有名称:输入、输出、边、节点、初始化器、稀疏初始化器和值信息。

```
import onnx
model=onnx.load("path/to/the/model.onnx")
# 模型-输出:["out0","out1"],输入:["in0","in1"]
new_model=onnx.compose.add_prefix(model,prefix="m1/")
# new_model-输出:["m1/out0","m1/out1"],输入:["m1/in0","m1/in1"]
# 可以就地运行
onnx.compose.add_prefix(model,prefix="m1/",inplace=True)
```

③ onnx.compose.expand_out_dim 可通过扩展维度,来连接不同维度数量的模型。当将生成样本的模型与处理批量样本的模型相结合时,该方法可能很有用。代码如下:

```
import onnx
# 输出"out0",形状=[200,200,3]
model1=onnx.load("path/to/the/model1.onnx")
# 输出:"in0",形状=[N,200,200,3]
model2=onnx.load("path/to/the/model2.onnx")
# 输出:"out0",形状=[1,200,200,3]
new_model1=onnx.compose.expand_out_dims(model1,dim_idx=0)
# 现在可以合并模型
combined_model=onnx.compose.merge_models(
    new_model1,model2,io_map=[("out0","in0")]
)
# 可以就地运行
onnx.compose.expand_out_dims(model1,dim_idx=0,inplace=True)
```

(3) 工具

① 用可变长度更新模型的输入输出尺寸。函数 update_inputs_outputs_dims 将模型的输入和输出的维度更新为参数中提供的值。可以使用 dim_param 提供静态和动态维度大小。该函数在更新输入/输出大小后运行模型检查器。代码如下：

```
import onnx
from onnx.tools import update_model_dims
model=onnx.load("path/to/the/model.onnx")
# 这里的"seq"、"batch"和-1 都是动态的,使用 dim_param
variable_length_model=update_model_dims.update_inputs_outputs_dims(model,
{"input_name":["seq","batch",3,-1]},{"output_name":["seq","batch",1,-1]})
```

② ONNX 解析器。函数 onnx.parser.parse_model 和 onnx.passer.parse_graph 可用于从文本创建 ONNX 模型或图，示例代码如下：

```
input="""
  agraph(float[N,128]X,float[128,10]W,float[10]B)=>(float[N,10]C)
  {
      T=MatMul(X,W)
      S=Add(T,B)
      C=Softmax(S)
  }
"""
graph=onnx.parser.parse_graph(input)
input="""
  <
    ir_version:7,
    opset_import:["":10]
  >
  agraph(float[N,128]X,float[128,10]W,float[10]B)=>(float[N,10]C)
```

```
{
    T=MatMul(X,W)
    S=Add(T,B)
    C=Softmax(S)
}
"""
model=onnx.parser.parse_model(input)
```

③ ONNX 内联器。函数 onnx.inline.inline_local_functions 和 inline_selectd_functions 可用于内联 ONNX 模型中的局部函数。特别是 inline_local_functions 可用于生成无函数模型（适用于不处理或不支持函数的后端）。另一方面，inline_selectd_functions 可用于内联选定函数。目前还不支持内联作为函数的 ONNX 标准操作（也称为模式定义函数）。示例代码如下：

```
import onnx
import onnx.inliner
model=onnx.load("path/to/the/model.onnx")
inlined=onnx.inliner.inline_local_functions(model)
onnx.save("path/to/the/inlinedmodel.onnx")
```

3.1.8 ONNX 形状推理

ONNX 在 ONNX 图上提供了形状推理的可选实现。此实现涵盖了每个核心运算符，并提供了一个可扩展的接口。因此，可以选择调用图形上现有的形状推理功能，或者定义形状推理，以适配自定义运算符（或两者兼而有之）。形状推理函数作为 OpSchema 对象的成员存储。

(1) 背景

IR.md 静态张量形状（由 TensorShapeProto 表示）与运行时张量形状不同：

① 未定义形状字段的张量，用于表示未知秩的张量。

② 定义形状的张量，用于表示已知秩的张量。

③ TensorShapeProto 的每个维度都有一个已知的整数值（由 dim_value 字段表示），或由符号标识表示的未知值（dim_param 字段），或者可能没有定义任何字段（表示一个匿名的未知值）。

(2) 调用形状推理

形状推理可以在 C++ 或 Python 下调用，以下示例为 Python 中相应 API。

```
shape_inference::InferShapes(
    ModelProto& m,
    const ISchemaRegistry* schema_registry);
```

第一个参数是用于执行形状推理的 ModelProto，它用形状信息进行注释；第二个参数是可选的。

(3) 局限性

形状推理过程不一定能完整实现，一些动态行为会阻碍形状推理的过程。此外，并非所有运算符都需要具有形状推理实现。

形状推理仅适用于常量和简单变量，不支持包含变量的算术表达式。例如，形状 $(5,2)$ 和 $(7,2)$ 张量的 Concat 会产生形状 $(12,2)$ 的张量，但形状 $(5,2$ 中$)$ 和 $(N,2$ 中$)$ 的张量，将只产生不包含 $N+5$ 表示的 $(M,2)$ 张量。不同的未知符号值将被传播，因此这里的 M 与其他未知量同时出现。

这些限制是当前实现的特性，而不是基本限制。

(4) 为运算符实现形状推理

可以使用以下命令，将形状推理函数添加到运算符的 Schema 中：

```
OpSchema&Opschema:: TypeAndShapeInferenceFunction ( InferenceFunction inferenceFunction);
```

InferenceFunction 在 shape_inference.h 中定义，其中还包括核心接口结构 InferenceContext 和各种辅助方法。InferenceContext 是提供给推理函数的核心结构。它允许访问有关运算符输入的信息，也允许写出推理的信息。

要查看其他示例，可在代码库中搜索 TypeAndShapeInferenceFunction。

在为运算符实现形状推理方法时，可注意以下几点，以避免常见错误：

① 在访问任何输入的形状之前，必须检查形状是否可用。如果不可用，则应将其视为秩未知的动态张量，并适当处理。通常，在形状推理前使用 hasInputShape 或 hasNInputShapes 来检查形状的可用性。

② 在访问任何维度的 dim_value 或 dim_param 之前，必须检查这些字段是否有值。特别是，代码必须处理维度可能没有静态已知值的情况。

shape_inference.h 中有几个实用函数来处理各种常见情况：

① 当预期输入固定排名时，使用 checkInputRank。

② 当预期多个输入维度相同时，以及当输入维度传播到特定的输出维度时，可以使用 unifyInputDim、unifyDim 和 updateOutputShape。

③ 当从输入维度计算输出维度时，重载运算符 * 可用于符号维度。

这些实用函数可以安全地处理缺失的形状和尺寸。

示例：考虑一个简单的矩阵乘法运算，需要形状为 $[M,K]$ 和 $[K,N]$ 的输入，并返回形状为 $[M,N]$ 的矩阵。编码如下：

```
//检查输入 0 的排名是否为 2(如果其排名已知)
checkInputRank(ctx,0,2);
//检查输入 1 的排名是否为 2(如果其排名已知)
checkInputRank(ctx,1,2);
Dim M,K,N;
//检查各种尺寸,安全处理缺失的尺寸/形状
unifyInputDim(ctx,0,0,M);
unifyInputDim(ctx,0,1,K);
unifyInputDim(ctx,1,0,K);
unifyInputDim(ctx,1,1,N);
updateOutputShape(ctx,0,{M.N});
```

3.1.9　ONNX 模型文本语法

(1) ONNX 模型的文本语法概述

ONNX 模型的文本语法实现了 ONNX 模型的紧凑和可读表示。该文本语法的作用：一是能够对测试用例及其在 CI 中的使用进行简洁的描述（包括在 ONNX 存储库以及其他依赖存储库中，如 ONNX-MLIR）；二是帮助简化 ONNX 函数的定义。一些现有的函数定义是冗长的，使用这种语法将使函数定义更紧凑、更易读、更易于维护。若要高效表示和高效解析非常大的张量，则应使用其他替代方法实现。

(2) 接口 API 使用

关键的解析器方法是 OnnxParser::Parse 方法，如下所示：

```
const char * code=R"ONNX(<ir_version:7,opset_import:["" :10 ]>
agraph(float[N,128]X,float[128,10]W,float[10]B)=>(float[N,10]C)
{
    T=MatMul(X,W)
    S=Add(T,B)
    C=Softmax(S)
}
)ONNX";
  ModelProto model;
  OnnxParser::Parse(model,code);
  checker::check_model(model);
```

(3) 语法描述

下面是语法描述：

```
id-list ::=id(',' id) *
quotable-id-list ::=quotable-id(',' quotable-id) *
tensor-dim ::='? '|id|int-constant
tensor-dims ::=tensor-dim(',' tensor-dim) *
tensor-type ::=prim-type|prim-type '[' ']'|prim-type '[' tensor-dims ']'
type ::=tensor-type|'seq' '(' type ')'|'map' '(' prim-type ',' type ')'
       | 'optional' '(' type ')'|'sparse_tensor' '(' tensor-type ')'
value-info ::=type quotable-id
value-infos ::=value-info(',' value-info) *
value-info-list ::='(' value-infos? ')'
id-or-value-info ::=type? quotable-id
id-or-value-infos ::=id-or-value-info(',' id-or-value-info) *
quoted-str ::=='"'([^"]) * '"'
quotable-id ::==id|quoted-str
str-str ::==quoted-str ':' quoted-str
```

```
str-str-list ::= '[' str-str(',' str-str)* ']'
internal-data ::= '{' prim-constants '}'
external-data ::= str-str-list
constant-data ::= internal-data|external-data
value-info-or-initializer ::= type quotable-id[ '=' constant-data ]
value-info-or-initializers ::= value-info-or-initializer(',' value-info-or-initializer)*
input-list ::= '(' value-info-or-initializers? ')'
output-list ::= '(' value-infos? ')'
initializer-list ::= '<' value-info-or-initializers? '>'
prim-constants ::= prim-constant(',' prim-constant)*
tensor-constant ::= tensor-type(quotable-id)? ('=')? '{' prim-constants '}'
attr-ref ::= '@' id
single-attr-value ::= tensor-constant|graph|prim-constant|attr-ref
attr-value-list ::= '[' single-attr-value(',' single-attr-value)* ']'
attr-value ::= single-attr-value|attr-value-list
attr-type ::= ':' id
attr ::= id attr-type? '=' attr-value
attr-list ::= '<' attr(',' attr)* '>'
node-label ::= '[' quotable-id ']'
node ::= node-label? quotable-id-list? '=' qualified-id attr-list? '('
         quotable-id-list? ')'|node-label? quotable-id-list? '=' qualified-id '('
         quotable-id-list? ')' attr-list
node-list ::= '{' node* '}'
graph ::= quotable-id input-list '=>' output-list initializer-list node-list
other-data ::= id ':' value
other-data-list ::= '<' other-data(',' other-data)* '>'
fun-attr-list ::= '<' id|attr(',' id|attr)* '>'
fun-input-list ::= '(' id-or-value-infos ')'
fun-output-list ::= '(' id-or-value-infos ')'
fun-value-infos ::= ('<' value-infos '>')?
function ::= other-data-list? id fun-attr-list? quotable-id fun-input-list '=>'
             fun-output-list fun-value-infos node-list
model ::= other-data-list? 图形函数*
```

3.1.10 类型表示

类型表示用于描述输入和输出的语义信息，它存储在 TypeProto 消息中。

(1) 目标

这种机制的目标可以通过一个简单的示例来说明。在神经网络 SqueezeNet 中，接收 NCHW 图像输入浮点数 $[1,3,244,244]$，并产生输出浮点数 $[1,1000,1,1]$：input_in_NCHW->data_0->SqueezeNet()->output_softmaxout_1

运行这个模型的前提条件是：
① 有图像输入。
② 图像采用 NCHW 格式。
③ 颜色通道按 bgr 顺序排列。
④ 像素数据为 8 位。
⑤ 像素数据被归一化为 0～255 的值。

（2）类型表示定义

定义了一组语义类型，这些类型定义了模型通常将哪些作为输入消费，哪些作为输出生产。具体来说，定义了以下一组标准表示法：
① TENSOR 描述了一个类型，其使用标准 TypeProto 消息持有泛型张量。
② IMAGE 描述了一个图像类型。可以使用维度表示来了解有关图像布局的更多信息，以及可选的 ModelProto.metadata_props。
③ AUDIO 描述了一个音频片段类型。
④ TEXT 描述了一个文本块类型。

模型作者应酌情在模型的输入和输出中添加类型表示。

（3）输入 IMAGE 的示例

使用上面的 SqueezeNet 示例，并正确显示注释模型的所有内容，步骤如下：
① 首先为 ValueInfoProto data_0 设置 TypeProto.denotation=IMAGE。
② 因为它是一个图像，所以模型消费者现在知道在模型上查找图像元数据。
③ 在 ModelProto.metadata_props 上包含 3 个元数据字符串：

Image.BitmapPixelFormat=Bgr8

Image.ColorSpaceGamma=SRGB

Image.NominalPixelRange=NominalRange_0_255

④ 对于相同的 ValueInfoProto，确保使用尺寸表示法来表示 NCHW：

TensorShapeProto.Dimension[0].denotation=DATA_BATCH

TensorShapeProto.Dimension[1].denotation=DATA_CHANNEL

TensorShapeProto.Dimension[2].denotation=DATA_FEATURE

TensorShapeProto.Dimension[3].denotation=DATA_FEATURE

3.1.11 ONNX 版本转换器

ONNX 提供了一个库，用于在不同的 opset 版本之间转换 ONNX 模型。主要目的是提高 ONNX 模型的向后兼容性，从而允许后端开发人员为特定的 opset 版本提供支持，并允许用户编写或导出模型到特定的 opset 版本、在具有不同 opset 版本的环境中运行。在实现方面，该库利用了比原始 Protobuf 结构更方便操作的内存表示，以及为 ONNX 优化器开发的 Protobuf 格式的转换器。

使用该转换器时可调用提供特定操作的适配器，或者实现新的适配器（或两者兼而有之）。默认适配器仅在默认域中工作，但可以推广到跨域工作或利用新的转换方法工作。

(1) 调用版本转换器

版本转换器可以通过C++或Python调用。这里的示例为Python API：

```
ModelProto ConvertVersion(
    const ModelProto& mp_in,
    const OpSetID& initial_version,
    const OpSetID& target_version);
```

该方法接收输入ModelProto、模型的初始opset版本和目标opset版本，并返回一个新的ModelProto，这是在initial_version和target_version之间应用所有相关适配器的结果。

(2) 实施适配器

可以通过子类化适配器并使用VersionConverter::registerAdapter()注册新适配器来实现新适配器。适配器对ir.h中定义的内存图表示进行操作。确保所有适配器都从opset版本i转换为$i+1$或$i-1$，即从版本6转换为版本5。

如果适配器应用于默认域，则考虑将其添加到核心ONNX存储库中。

(3) 运算符设置

ONNX使用运算符集，将不可变的运算符规范组合在一起。运算符集表示域的特定版本，由"（域、版本）"表示，是具有指定版本的指定域的所有运算符的集合（称为opset_version）。当给定运算符集的库存因添加、删除或所包含运算符的语义变化而发生变化时，其版本必须增加。

以"（域，opset_version）"对列表的形式声明它们需要哪些运算符集。空字符串（""）域表示定义为ONNX规范部分的运算符；其他域表示其他的运算符集（可为ONNX提供特定的扩展）。给定模型指定的运算符集的并集，必须对模型图中的每个节点具有兼容的运算符声明。

(4) 示例

本示例不是规范性的，仅供参考。

给定以下运算符集：

操作集	操作符	评论
1	{A}	A介绍
2	{A,B}	B介绍
3	{A′,B,C}	A更新(为A′),C已引入
4	{B,C′}	A已删除,C已更新(为C′)

给定运算符集的运算符，将具有以下since_version值：

运算符	OpSet 1	OpSet 2	OpSet 3	OpSet 4
A	1	1	3	-
B	-	2	2	2
C	-	-	3	4

3.2　ONNX 中的广播

在 ONNX 中，元素运算符可以接收不同形状的输入，只要输入张量可广播为相同的形状。ONNX 支持两种类型的广播：多向广播和单向广播。下面分别介绍这两种类型的广播。

3.2.1　多向广播

在 ONNX 中，如果以下条件之一成立，则一组张量可以多向广播为相同的形状：
① 张量的形状完全相同。
② 张量都有相同的维数，每个维数的长度要么是公共长度，要么是 1。
③ 维度太少的张量可以扩展维度，以满足属性②。
例如，多向广播支持以下张量形状：
① shape(A)=(2,3,4,5),shape(B)=(,)，即 B 表示一个标量 ==> shape(result)=(2,3,4,5)。
② shape(A)=(2,3,4,5),shape(B)=(5), ==> shape(result)=(2,3,4,5)。
③ shape(A)=(4,5),shape(B)=(2,3,4,5), ==> shape(result)=(2,3,4,5)。
④ shape(A)=(1,4,5),shape(B)=(2,3,1,1), ==> shape(result)=(2,3,4,5)。
⑤ shape(A)=(3,4,5),shape(B)=(2,1,1,1), ==> shape(result)=(2,3,4,5)。
多向广播与 Numpy 的广播相同。
ONNX 中的以下操作符支持多向广播：Add、And、Div、Equal、Greater、Less、Max、Mean、Min、Mul、Or、Pow、Sub、Sum、Where、Xor。

3.2.2　单向广播

在 ONNX 中，如果以下情况之一为真，则张量 B 可以单向广播到张量 A：
① 张量 A 和 B 的形状完全相同。
② 张量 A 和 B 都有相同的维数。
③ 张量 B 的维度太少时，可以扩展维度来满足属性②。
当单向广播发生时，输出的形状与 A 的形状相同（即两个输入张量的较大形状）。
在以下示例中，张量 B 可以单向广播到张量 A 中：
① shape(A)=(2,3,4,5),shape(B)=(,)，即 B 是一个标量 ==> shape(result)=(2,3,4,5)。
② shape(A)=(2,3,4,5),shape(B)=(5,), ==> shape(result)=(2,3,4,5)。
③ shape(A)=(2,3,4,5),shape(B)=(2,1,1,5), ==> shape(result)=(2,3,4,5)。
④ shape(A)=(2,3,4,5),shape(B)=(1,3,1,5), ==> shape(result)=(2,3,4,5)。

ONNX 中的以下运算符支持单向广播：GEMM、PRelu。

3.3 ONNX 操作符可区分性标签简短指南

3.3.1 差异性标签

每个 ONNX 运算符模式都包括每个输入和输出的可区分性标签。本小节将解释此标签的含义以及如何确保标签的正确性。标签标识了运算符的可微分输入和可微分输出的集合，即每个可微偏导数是相对于每个可微输出来定义的。

3.3.2 定义差异性标签的方法

算子的可微性定义由以下几个方面组成：
① 可微分输入，可在 xs 梯度属性中引用。
② 可微分输出，可在 y 梯度属性中引用。
③ 计算雅可比矩阵（或张量）的数学方程。通过数学判断变量（输入或输出）是否可微。如果雅可比矩阵（或张量）存在，则所考虑的算子具有一些可微的输入和输出。

有几种策略可以实现自动微分，如正向积累、反向积累和双变量。下面提出了两种方法来验证 ONNX 算子的可微性。

(1) 重用现有的深度学习框架

该方法是证明所考虑的运算符的向后操作存在于现有的框架中，如 PyTorch 或 TensorFlow。在这种情况下，应该提供一个可运行的 Python 脚本用于计算所考虑运算符的向后传递。还应解决将 PyTorch 或 TensorFlow 代码映射到 ONNX 格式的问题（例如，可以调用 torch.ONNX.export 来保存 ONNX 模型）。以下脚本展示了使用 PyTorch 进行 ONNX 变形的可微分性。

```
import torch
import torch.nn as nn
# 单一操作符模型,实际上是一个 PyTorch 变形
# PyTorch 重塑可以直接映射到 ONNX 变形
class MyModel(nn.Module):
    def __init__(self):
        super(MyModel,self).__init__()
    def forward(self,x):
        y=torch.reshape(x,(x.numel(),))
        y.retain_grad()
        return y
model=MyModel()
x=torch.tensor([[1.,-1.],[1.,1.]],requires_grad=True)
```

```
y=model(x)
dy=torch.tensor([1.,2.,3.,4.])
torch.autograd.backward([y],
  grad_tensors=[dy],
  retain_graph=True,
  create_graph=True,
  grad_variables=None)
# 本例表明 PyTorch 中的输入和输出是可微分的
# 从下面导出的 ONNX 模型中可以看到,x 是 ONNX 整形的第一个输入,y 是
# ONNX 整形的输出。ONNX Reshape 的第一个输入和输出是可微的
print(x.grad)
print(y.grad)
with open('model.onnx','wb')as f:
  torch.onnx.export(model,x,f)
```

（2）手动计算

该方法是通过至少两个数值示例证明雅可比矩阵（或张量）从输出到输入的可微性。在这种情况下，应该进行数学运算，确认数值结果是否正确。

例如，为了证明 Add 的可微性，可以先写下它的方程：

$$C=A+B$$

为了简单起见，假设 A 和 B 是相同的形状向量，有

$$A=[a1,a2]^T$$

$$B=[b1,b2]^T$$

$$C=[c1,c2]^T$$

使用符号^T 来表示附加矩阵或向量的转置。设 $X=[a1,a2,b1,b2]^T$ 和 $Y=[c1,c2]^T$，并将 Add 视为一个将 X 映射到 Y 的函数。这个函数的雅可比矩阵是一个 4×2 的矩阵。

$$\begin{aligned}J &= [[dc1/da1, dc2/da1],\\ &\quad [dc1/da2, dc2/da2],\\ &\quad [dc1/db1, dc2/db1],\\ &\quad [dc1/db2, dc2/db2]]\\ &= [[1,0],\\ &\quad [0,1],\\ &\quad [1,0],\\ &\quad [0,1]]\end{aligned}$$

如果 $dL/dC=[dL/dc1,dL/dc2]^T$，那么 $dL/dA=[dL/da1,dL/da2]^T$ 和 $dL/dB=[dL/db1,dL/db2]^T$ 可以从以下元素计算出来。

$[[dL/da1],[dL/da2],[dL/db1],[dL/db2]]$
$=J*dL/dC$
$=[[dL/dc1],[dL/dc2],[dL/dc1],[dL/dc2]]$

其中，$*$ 是标准矩阵乘法。如果 $dL/dC=[0.2,0.8]^T$，则 $dL/dA=[0.2,1.8]^T$ 和

$dL/dB=[0.2,2,0.8]^T$。从 dL/dC 计算 dL/dA 和 dL/dA 的过程，通常在运算符的后面调用。可以看到，Add 的向后运算符将 dL/dC 作为输入，并产生两个输出 dL/dA 和 dL/dB。因此，A、B 和 C 都是可微的。通过将张量展平为 1-D 向量，当不需要形状广播时，这个示例可以扩展到覆盖所有张量；如果发生广播，则广播元素的梯度是其非广播情况下所有相关元素梯度的总和。如果 $B=[B]^T$ 变为 1 元素向量，则 B 可以广播到 $[b1,b2]^T$，$dL/dB=[dL/dB]^T=[dL/db1+dL/db2]^T$。对于高维张量，这实际上是沿所有展开轴的 ReduceSum 操作。

3.4 维度表示

维度表示是一种实验性的尝试，旨在给出张量轴语义描述，从而进行类型划分，并随后基于它们执行验证步骤。

3.4.1 维度表示的目的

这种机制的目的可以通过一个简单的示例来说明。在下面的线性神经网络规范中，假设 NCHW 模型输入：

```
input_in_NCHW->Transpose(input,perm=[0,2,1,3])->AveragePool(input,...)
```

在这个神经网络中，用户错误地构建了一个神经网络，将 NCHW 输入转换为奇怪的 NHCW 格式，并通过假设 NCHW 输出格式的空间池。尽管这是一个明显的错误，但现有的模型不会向用户报告错误。对于那些严重依赖类型检查作为程序正确性保证的程序员来说，这应该是非常令人不安的。维度表示旨在填补当前神经网络规范范式中固有的适当类型检查的空白。

维度表示由三个关键部分组成：表示定义、表示传播和表示验证。

3.4.2 表示定义

首先，为张量类型定义一组类型，基于以下原则定义：

① 颗粒足够细，以消除潜在的陷阱。例如，目的部分所示的示例要求区分通道维度和空间特征维度，以确保 AveragePool 操作执行的正确性。

② 粒度要足够粗，以减轻用户的负担。例如，在上面的示例中，区分宽度维度和高度维度的需要要少得多，因为像池化和卷积这样的操作通常不会区分各种空间维度。因此，将所有空间维度总结为特征维度。

③ 作为②的一个重要推论，空间维度的语义是模型不可知的。例如，循环神经网络（RNN）的特征维度语义和卷积神经网络（CNN）中空间维度语义几乎无法区分，因此，允许用户和开发人员将其中任何一个描述为特征维度。

根据以上原则①，定义了如下一组标准表示法：

① DATA_BATCH 描述训练数据的批处理维度。这对应于更常用的张量格式符号 NCHW 中的 N 维。

② DATA_CHANNEL 描述训练数据的信道维度。这对应于 C 维度。

③ DATA_TIME 描述时间维度。

④ DATA_FEATURE 描述一个特征维度。这对应于 RNN 中的 H、W 维度或特征维度。

⑤ FILTER_IN_CHANNEL 在通道维度上描述一个滤波器。这是与输入图像特征图的通道维度相同的维度（大小）。

⑥ FILTER_OUT_CHANNEL 描述滤出通道维度。这是与输出图像特征图的通道维度相同的维度（大小）。

⑦ FILTER_SPATIAL 描述滤波器的空间维度。

3.4.3 表示传播

当一个操作对其输入张量进行置换、破坏或创建维度时，就会发生表示传播。在这种情况下，将实现定制的、特定操作的函数，以根据输入张量维度表示来推理输出张量维度表示。发生表示传播的一个示例操作是转置操作，其中输出维度表示推理的伪码，可以表示为输入维度表示的函数：

```
for i,j in enumerate(perm):
    out_dim_denotaion[i]=in_dim_denotation[j]
```

3.4.4 表示验证

表示验证发生在操作期望其输入以特定格式到达时。发生表示验证的一个示例操作是 AveragePool 操作，在该操作中，如果输入用维度表示进行注释，在 2D 情况下，应该表示为：[DATA_BATCH, DATA_CHANNEL, DATA_FEATURE, DATA_FEEATURE]。如果预期的维度表示与实际的维度表示不匹配，则应报告错误。

3.5 外部数据

3.5.1 加载带有外部数据的 ONNX 模型

步骤如下：

① 如果外部数据在模型的同一目录下，只需使用 onnx.load()。

```
import onnx
onnx_model=onnx.load("path/to/the/model.onnx")
```

② 如果外部数据在另一个目录下，可使用 load_external_data_for_model() 指定目录路径，并使用 onnx.load() 加载。

```
import onnx
from onnx.external_data_helper import load_external_data_for_model
onnx_model=onnx.load("path/to/the/model.onnx",load_external_data=False)
load_external_data_for_model(onnx_model,"data/directory/path/")
# onnx_model 已从特定目录加载了外部数据
```

3.5.2　将 ONNX 模型转换为外部数据

代码如下：

```
import onnx
from onnx.external_data_helper importconvert_model_to_external_data
onnx_model=...# 模型作为 ModelProto 存储在内存中
convert_model_to_external_data(onnx_model,all_tensors_to_one_file=True,loca-
    tion="filename",size_threshold=1024,convert_attribute=False)
# 必须使用 save_model,才能将转换后的模型保存到特定路径
onnx.save_model(onnx_model,"path/to/save/the/model.onnx")
# onnx_model 将原始数据转换为外部数据并保存到特定目录中
# 将 ONNX 模型转换为外部数据并保存
import onnx
onnx_model=...# 模型作为 ModelProto 存储在内存中
onnx.save_model(onnx_model,"path/to/save/the/model.onnx",save_as_external_
    data=True,all_tensors_to_one_file=True,location="filename",size_
    threshold=1024,convert_attribute=False)
# onnx_model 将原始数据转换为外部数据并保存到特定目录中
```

3.5.3　使用外部数据检查模型

（1）具有外部数据（<2GB）的模型

当前检查器支持使用外部数据检查模型，须指定加载的 ONNX 模型或检查器的模型路径。

（2）大模型（>2GB）

对于大于 2GB 的模型，使用 onnx.checker 的模型路径，外部数据需要在同一目录下，代码如下：

```
import onnx
onnx.checker.check_model("path/to/the/model.onnx")
# 如果模型大于 2GB,则 onnx.checker.check_model(loaded_onnx_model)失败
```

TensorProto 包括 data_location 和 external_data 字段，data_location 字段存储此张量的数据位置，其值必须是以下之一：

① MESSAGE：存储在 Protobuf 消息内特定类型字段中。
② RAW：存储在 raw_data 字段中。
③ EXTERNAL：存储在外部位置，如 EXTERNAL_data 字段。
④ 缺省：优先存储在 raw_data 中（如果已设置），其次可存储在消息中。

（3）external_data 字段存储描述数据位置的字符串键值对

公钥包括以下内容：

① 位置（必填）：相对于存储 ONNX Protobuf 模型的文件系统目录的文件路径。不允许使用"…"等向上目录路径组件，解析时应将其剥离。
② 偏移（可选）：存储数据开始的字节位置。整数存储为字符串。偏移值应该是页面大小的倍数（通常为 4KB），以启用 mmap 支持。在 Windows 上，偏移值应该是 VirtualAlloc 分配粒度的倍数（通常为 64KB），以启用内存映射。
③ 长度（可选）：包含数据的字节数。整数存储为字符串。
④ 校验和（可选）：在位置键下指定的文件的 SHA1 摘要。

加载 ONNX 文件后，所有 external_data 字段都可以使用额外的键（"basepath"）进行更新，该键存储了加载 ONNX 模型文件的目录的路径。

（4）外部数据文件

存储在外部数据文件中的数据，将采用当前 ONNX 实现中的 raw_data 字段，使用与二进制字节字符串格式相同的格式。

3.6 ONNX 模型库

利用 ONNX Model Hub(ONNX 模型库) 可以使用 ONNX Model Zoo 中最先进的预训练 ONNX 模型。这使研究人员和模型开发人员有机会分享和使用预先训练的模型。

3.6.1 基本用法

ONNX 模型库能够从任何 git 存储库下载、列出和查询经过训练的模型，默认从官方 ONNX 模型库下载模型。本小节将演示一些基本功能。

首先，使用以下方式导入库：

```
from onnx import hub
```

（1）按名称下载模型

加载函数将在默认模型库中搜索具有匹配名称的最新模型，将此模型下载到本地缓存后，将模型加载到 ModelProto 对象中，以供 ONNX 运行时使用。代码如下：

```
model=hub.load("resnet50")
```

（2）从自定义存储库下载

任何具有适当结构的存储库都可以作为 ONNX 模型库。要从其他库下载，或在主模型库上指定特定的分支，可以提供 repo 参数：

```
model=hub.load("resnet50",
repo="onnx/models:771185265efbdc049fb223bd68 ab1aeb1aecde76")
```

（3）列出和检查模型

模型中心提供用于查询模型仓库的 API，以了解有关可用模型的更多信息。这里不会下载模型，只是返回与给定参数匹配的模型的信息。

```
# 列出 onnx/models:main 仓库中的所有模型
all_models=hub.list_models()
# 列出特定模型的所有版本/算子集
mnist_models=hub.list_models(model="mnist")
# 列出与给定标签匹配的所有模型
vision_models=hub.list_models(tags=["vision"])
```

可以在下载之前使用 get_model_info 函数检查模型的元数据，代码如下：

```
print(hub.get_model_info(model="mnist",opset=8))
```

将打印类似以下内容：

```
ModelInfo(
    model=MNIST,
    opset=8,
    path=vision/classification/mnist/model/mnist-8.onnx,
    metadata={
    'model_sha':
'2f06e72de813a8635c9bc0397ac447a601bdbfa7df4bebc278723b958831 c9bf',
    'model_bytes':26454,
    'tags':['vision','classification','mnist'],
    'io_ports':{
        'inputs':[{'name':'Input3','shape':[1,1,28,28],'type':'tensor(float)'}],
        'outputs':[{'name':'Plus214_Output_0','shape':[1,10],'type':'tensor(float)'}]},
    'model_with_data_path':'vision/classification/mnist/model/mnist-8.tar.gz',
    'model_with_data_sha':
'1dd098b0fe8bc750585eefc02013c37be1a1cae2bdba 0191ccdb8e8518b3a882','model_with_data_bytes':25962}
)
```

3.6.2 ONNX中心架构

ONNX Hub 由两个主要组件组成：客户端和服务器。客户端代码目前存储在 ONNX 包中，可以在 github 存储库（如 ONNX Model Zoo 中的存储库）中以托管 onnx_HUB_MANIFEST.json 的形式指向服务器。此清单文件是一个 JSON 文档，其中列出了所有模型及其元数据，并且被设计为与编程语言无关。格式良好的模型清单条目示例如下：

```json
{
"model":"BERT-Squad",
"model_path":"text/machine_comprehension/bert-squad/model/bertsquad-8.onnx",
"onnx_version":"1.3",
"opset_version":8,
"metadata":{
    "model_sha":"cad65b9807a5e0393e4f84331f9a0c5c844d9cc736e39781a80f9c48ca39447c",
    "model_bytes":435882893,
    "tags":["text","机器理解","bert-squad"],
    "io_ports":{
        "inputs":[
          {
              "name":"unique_ids_raw_output___9:0",
              "shape":["unk__475"],
              "type":"tensor(int64)"
          },
          {
              "name":"segment_ids:0",
              "shape":["unk__476",256],
              "type":"tensor(int64)"
          },
          {
              "name":"input_mask:0",
              "shape":["unk__477",256],
              "type":"tensor(int64)"
          },
          {
              "name":"input_ids:0",
              "shape":["unk__478",256],
              "type":"tensor(int64)"
          }
        ],
        "outputs":[
          {
```

```
            "name":"unstack:1",
            "shape":["unk__479",256],
            "type":"tensor(float)"
        },
        {
            "name":"unstack:0",
            "shape":["unk__480",256],
            "type":"tensor(float)"
        },
        {
            "name":"unique_ids:0",
            "shape":["unk__481"],
            "type":"tensor(int64)"
        }
        ]
    },
    "model_with_data_path":
    "text/machine_comprehension/bert-squad/model/bertsquad-8.tar.gz",
    "model_with_data_sha":
    "c8c6c7e0ab9e1333b86e8415a9d990b2570f9374f80be1c1cb 72f182d266f666",
    "model_with_data_bytes":403400046
}
}
```

这些重要参数包括：

① model：用于查询的模型名称。

② model_path：存储在 Git LFS 中的模型的相对路径。

③ onnx_version：模型的 ONNX 版本。

④ opset_version：opset 的版本。如果未指定，客户端将下载最新的 opset。

⑤ metadata/model_sha：可选的 model_sha 规范，以提高下载安全性。

⑥ metadata/tags：可选的高级标签，帮助用户按给定类型查找模型。

元数据字段中的所有其他字段对客户端来说都是可选的，它们为用户提供了重要的详细信息。

3.7 开放神经网络交换中间表示（ONNX IR）规范

3.7.1 ONNX IR 中间表示的作用

ONNX IR 的作用是定义 ONNX 语义规范。

在 ONNX 文件夹下找到的 .proto 和 .proto3 文件形成了 Protocol Buffers 定义语言的

语法规范。.proto 和 .proto3 文件中的注释旨在提高这些文件的可读性。

可以使用验证工具根据本规范对模型进行一般验证,该工具是用 C++和 Python 命令行包装器实现的。对该验证工具来说,list 表示有序的项目集合,set 表示无序的唯一元素集合,bag 表示可能非唯一元素的无序集合。

ONNX 优化推理和训练的平台如图 3-1 所示。

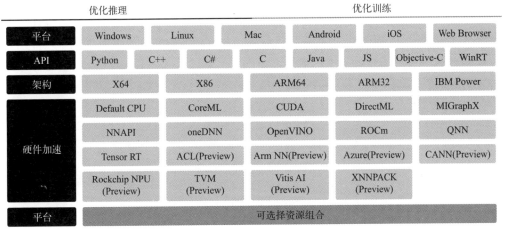

图 3-1　ONNX 优化推理和训练的平台

3.7.2　ONNX IR 中间表示组件

ONNX 是一个开放规范,由以下组件组成:
① 可扩展计算图模型的定义。
② 标准数据类型的定义。
③ 内置运算符的定义。
①和②共同构成了 ONNX IR 规范。

内置运算符分为基本运算符和函数两种。函数是一种运算符,其语义通过使用其他运算符(和函数)展开到子图(称为函数体)中来表示。在功能方面,如果 ONNX 兼容的框架或运行时没有相应的函数实现,则可以内联函数体来执行它。

ONNX 有两种变体,两者之间的主要区别在于默认运算符集不同。ONNX-ML 使用不基于神经网络的 ML 算法扩展了 ONNX 运算符集。

在 IR 版本 6 之前,ONNX 规范和模型格式仅涉及推理(也称为评分)。从 IR 版本 7 开始,ONNX 规范和模型格式也支持训练。ONNX 训练模型是推理模型的扩展。纯推理运行时可以忽略与训练相关的扩展来使用训练模型。纯推理模型可能获得比训练模型更好的推理效果。

3.7.3　可扩展计算图模型

ONNX 指定计算图的可移植序列化格式,它不一定是框架内部选择使用的形式,可以根据实际情况进行调整。

可以通过添加表示语义的运算符来扩展 ONNX，这些运算符超出了所有实现都必须支持的标准运算符集。其机制是在依赖于扩展运算符的模型中向 opset_import 属性添加运算符集。

(1) 模型文件

顶级 ONNX 构造是一个模型，并且在协议缓冲区中表示为 onnx.ModelProto 类型。

模型结构的主要目的是将元数据与包含所有可执行元素的图相关联。元数据在首次读取模型文件时使用，以确定是否能够执行模型、生成日志消息、错误报告等。此外，元数据对 IDE 和模型库等工具很有用，这些工具需要元数据来展示给定模型的目的和特征。

每个模型都有相同组件结构，见表 3-1。

表 3-1 模型组件结构

名称	类型	描述
ir_version	int64	模型假定的 ONNX 版本
opset_import	OperatorSetId	模型可用的运算符及标识符的集合。实现必须支持集合中的所有运算符，否则将拒绝模型
producer_name	string	用于生成模型的工具的名称
producer_version	string	生成工具的版本
domain	string	反向 DNS 名称，用于指示模型命名空间或域，例如 org.onnx
model_version	int64	模型本身的版本，以整数编码
doc_string	string	此模型的文档，Markdown 格式是允许的
graph	Graph	为执行模型而评估的参数化图
metadata_props	map<string,string>	命名元数据值，键应该是不同的
training_info	TrainingInfoProto[]	包含训练信息的可选扩展
functions	FunctionProto[]	模型本地函数的可选列表

模型必须指定一个域，并根据负责组织的身份使用反向域名，这与命名 Java 包的约定相同。

(2) 探索 ONNX 文件

可以使用 Protocol 缓存分发中的 Protocol 工具来检查 ONNX 文件的内容，具体如下：

```
$ protoc --decode=onnx.ModelProto onnx.proto<yourfile.onnx
```

其中，onnx.proto 是此存储库的一部分文件。

或者，可以使用 Netron 等工具来浏览 ONNX 文件。

(3) 可选元数据

模型中的 metadata_props 字段可用于工具或模型开发人员选择任何类型的可选元数据。模型定义的标准可选元数据字段属性见表 3-2。

表 3-2 可选元数据字段属性

名称	类型	格式	描述
model_author	string	以逗号分隔的姓名列表	模型作者和/或其组织的名称
model_license	string	名称或 URL	模型可用的许可证的名称或 URL

（4）操作符集标识符

每个运算符集都由一对"（domain、version）"唯一标识，见表 3-3。

表 3-3 操作符域属性描述

名称	类型	描述
domain	string	正在标识的运算符集的域
version	int64	正在标识的操作符集的版本，与运算符集中的 opset_version 相同

默认运算符集以外的运算符集必须指定一个域，并应根据负责组织的身份使用反向域名，这与命名 Java 包的约定相同。

（5）操作符设置

每个模型都必须明确地命名其功能所依赖的运算符集。运算符集可用运算符及其版本进行定义。每个模型都按域定义了导入的运算符集。所有模型都隐式导入默认 ONNX 运算符集。

每个运算符集应在单独的文档中定义，也使用 Protobuf 作为序列化格式。运行时如何找到运算符集文档取决于具体实现。

运算符集的属性汇总见表 3-4。

表 3-4 运算符集的属性汇总

名称	类型	描述
magic	string	值 ONNXOPSET
ir_version	int32	与操作符对应的 ONNX 版本
ir_version_prerelease	string	IR SemVer 的预发布部分
ir_build_metadata	string	此版本的运算符集的构建元数据
domain	string	运算符集的域，在所有集合中必须是唯一的
opset_version	int64	操作符集的版本
doc_string	string	此操作符集的文档，允许 Markdown 格式
operator	Operator[]	此运算符集中包含的运算符

默认运算符集以外的运算符集必须指定一个域，并应根据负责组织的身份使用反向域名，这与命名 Java 包的约定相同。

（6）操作符

图中使用的每个运算符都必须由模型导入的运算符集显式声明。

运算符定义的属性见表 3-5。

表 3-5 运算符定义的属性

名称	类型	描述
op_type	string	运算符的名称(区分大小写),用于图节点。在运算符集的域内必须是唯一的
since_version	int64	引入此运算符时的运算符集版本
status	OperatorStatus	实验性或稳定性之一
doc_string	string	此运算符的可读文档,允许 Markdown 格式

(7) 功能

一个函数是一个运算符,它与使用其他更原始的操作(称为函数体)的运算符实现相结合。函数体由形成图的拓扑排序的节点列表组成。因此,函数是运算符和图(如下所述)的结合。

模型中包含的每个函数(也称为模型本地函数)都是相应运算符的默认或回退实现。然而,运行时可以选择使用运算符的替代实现(通常作为优化的内核)。因此,函数的唯一名称很重要,因为它隐式地与语义规范相关联。

序列化函数(FunctionProto)属性见表 3-6。

表 3-6 序列化函数(FunctionProto)属性

名称	类型	描述
name	string	函数的名称
domain	string	此函数所属的域
overload	string	功能唯一 id 的一部分(在 IR 版本 10 中添加)
doc_string	string	此功能的文档,允许 Markdown 格式
attribute	string[]	函数的属性参数
attribute_proto	Attribute[]	(IR 版本 9+)具有函数默认值的属性参数。函数属性应表示为字符串属性或属性,而不是两者都表示
input	string[]	函数的输入参数
output	string[]	函数的输出参数
node	Node[]	节点列表,形成部分有序的计算图,它必须是拓扑顺序
opset_import	OperatorSetId	函数实现所使用的运算符集标识符的集合
value_info	ValueInfo[]	(IR 版本≥10)用于存储函数中使用的值的类型和形状信息
metadata_props	map<string,string>	(IR 版本≥10)命名元数据值;按键应该是不同的

名称和域名用于在 IR 版本中唯一标识操作符,最高版本为 9。IR 版本 10 添加了字段重载,三元组"名称、域、重载"在模型中存储的函数之间充当唯一的 id。这旨在支持对模型中函数的不同调用需要不同函数体的情况。opset 版本在 FunctionProto 中没有明确标识,但它是由模型中包含的域的 opset 版本隐式确定的。

输入、输出、属性和 attribute_proto(在 IR 版本 9 中添加)构成了运算符的签名部分。签名中没有明确包含类型信息。attribute_proto 字段描述函数的属性参数及其默认值(当调用站点节点未指定时),而 attribute 字段列出没有默认值的属性参数。这两个列表中的名称必须不同。当函数的属性参数在函数内的节点中使用时,若指定了此类属性,它将被替换为该属性指定的实际参数值;如果该属性指定了默认值,则将其替换为默认值;

否则将省略。

opset_import 和 node 字段描述了函数的实现。

value_info 字段（在 IR 版本 10 中添加）允许模型存储有关函数中使用的值的类型和形状信息，包括其输入和输出两部分内容。这是可选的，因为 ONNX 允许函数是多态的。

3.7.4 数据流图

图用于描述无"副作用"的计算（函数）。这里的"副作用"指程序对函数体外数据的修改程度。序列化图由一组元数据字段、模型参数列表和计算节点列表组成。

每个计算数据流图都被构造为一个拓扑排序的节点列表，这些节点构成了一个图，但没有循环。每个节点代表对操作符或模型局部函数的调用。每个节点有零个或多个输入，以及一个或多个子输出。

图形属性描述见表 3-7。

表 3-7 图形属性描述

名称	类型	描述
name	string	模型图的名称
node	Node[]	节点列表，基于输入/输出数据依赖关系形成部分有序的计算图。它是按拓扑顺序排列的
initializer	Tensor[]	命名张量值的列表。当初始化器与图输入同名时，它会为该输入指定一个默认值。当初始化器的名称不同于所有图输入时，它指定一个常数值。列表的顺序未指定
doc_string	string	此模型的文档，允许 Markdown 格式
input	ValueInfo[]	图的输入参数，可能由初始化器中的默认值初始化
output	ValueInfo[]	图形的输出参数。一旦所有输出参数都被图形执行写入，执行就完成了
value_info	ValueInfo[]	用于存储非输入或输出值的类型和形状信息
metadata_props	map<string,string>	（IR 版本≥10）命名元数据值，键应该是不同的

ValueInfo 属性描述见表 3-8。

表 3-8 ValueInfo 属性描述

名称	类型	描述
name	string	值/参数的名称
type	Type	包含形状信息的值的类型
doc_string	string	此值的文档，允许 Markdown 格式

每个主（顶级）图必须定义其输入和输出的名称、类型和形状，这些被指定为 ValueInfo 结构。即使不需要指定确切的尺寸，主图输入和输出也需要具有指示排名的形状。

嵌套子图（指定为属性值）必须定义其输入和输出的名称，并可以定义其输入与输出的类型。

每个图必须指定一个名称。

图必须对所有节点输出遵守单一静态分配原则（SSA），这意味着所有节点输出名称在图中必须是唯一的。

图形应该用文档字符串填充，这些字符串可以使用 GitHub 风格的 Markdown 语法进行解释。HTML 和其他文本标记语言不得用于文档字符串。

（1）图中的名称

所有名称必须遵守 C90 标识符语法规则。

节点、输入、输出、初始化器和属性的名称被组织到几个命名空间中。在命名空间中，每个名称对于每个给定的图都必须是唯一的。

命名空间描述见表 3-9。

表 3-9 命名空间描述

命名空间	描述
属性	运算符的属性名称。每个操作符都是独一无二的
值	值的名称——节点输入和输出、张量值（如果命名）、图输入、输出
节点	图节点的名称
图形	域内图形的名称，在模型域内是唯一的
运算符	域内操作符的名称
形状	张量形状变量名称，记录图范围信息，形状变量就出现在这些记录中

（2）节点

计算节点由名称、它调用的运算符名称、命名输入列表、命名输出列表和属性列表组成。

输入和输出与操作符输入和输出在位置上相关联。属性按名称与运算符属性相关联。计算节点属性描述见表 3-10。

表 3-10 计算节点属性描述

名称	类型	描述
name	string	节点的可选名称，仅用于诊断目的
input	string[]	将输入值传播给节点运算符的值的名称。它必须引用图输入、图初始化器或节点输出
output	string[]	从节点调用的运算符捕获数据的输出名称。它要么在图中引入一个值，要么引用图输出
op_type	string	要调用的运算符的符号标识符
domain	string	包含由 op_type 命名的运算符集域
attribute	Attribute[]	命名属性是运算符参数化的另一种形式，用于常量值而不是传播值
doc_string	string	此值的文档，允许 Markdown 格式
overload	string	功能唯一 id 的一部分（在 IR 版本 10 中添加）
metadata_props	map<string,string>	(IR 版本≥10)命名元数据值，键应该是不同的

属于 Value 命名空间的名称可能出现在多个位置，即作为图输入、图初始化器、图输出、节点输入或节点输出。名称作为图输入、图初始化器或节点输出出现时被称为定义，而名称作为节点输入或图输出出现时则被称为使用。

（3）属性值

属性值仅在节点中存在，通过名称关联传递给运算符。属性值是运行时常数，因为它们的值是在构建模型图时确定的，因此不会在运行时计算。属性的一个常见用途是表示在模型训练期间建立的系数。

属性值描述见表 3-11。

表 3-11 属性值描述

名称	类型	描述
name	string	属性的名称。对于任何给定的运算符和节点，其属性、输入和输出必须是唯一的
doc_string	string	此值的文档，允许 Markdown 格式
type	AttributeType	属性的类型，决定剩余字段中的哪一个用于保存属性的值
f	float	32 位浮点值
i	int64	一个 64 位整数值
s	byte[]	UTF-8 字符串
t	Tensor	张量值
g	Graph	图表
floats	float[]	32 位浮点值列表
ints	int64[]	64 位整数值的列表
strings	byte[][]	UTF-8 字符串列表
tensors	Tensor[]	张量值列表
graphs	Graph[]	图表列表
ref_attr_name	string	父函数属性的名称

所有属性都需要属性 name 和 type，所有属性都应该使用 doc_string。一个属性必须只有一个值。

如果设置了 ref_attr_name，则此属性不包含数据，而是对给定名称的父函数属性的引用，只能在方法体内使用。

（4）张量定义

张量是向量和矩阵的泛化。向量为一维，矩阵为二维，而张量可以具有任意维数，包括零。零维张量在逻辑上等价于标量。

从数学上讲，张量可以定义为一对序列/列表 (V, S)，其中 S 是张量的形状（非负整数列表），V 是长度等于 S 中维度乘积的值列表。两个张量 (V, S) 和 (V', S') 是相等的，当且仅当 $V = V'$ 和 $S = S'$ 时。S 的长度称为秩。

① 如果 S 的长度为 0，则 V 的长度必须为 1，因为空积被定义为 1。在这种情况下，张量表示标量。

② S 可以包含值为 0 的维度。如果任何维度为 0，则 V 的长度必须为 0。

③ 如果 S 的长度为 1，则 V 的长度等于 S 中的一维。在这种情况下，张量表示一个向量。

④ 表示长度为 1 的向量的张量具有形状 [1]，而表示标量的张量则具有形状 []。它们都有一个元素，但标量不是长度为 1 的向量。

张量的形状 S 是一个列表,但可以表示为具有值 S 和形状 $[R]$ 的张量,其中 R 是张量的秩。

① 对于张量 (V,S),表示其形状的张量是 $(S,[R])$。
② 标量的形状是 $[]$。表示为张量,$[]$ 的形状为 $[0]$。

3.7.5 张量表达式

通常将张量表示为嵌套列表。这通常可以很好地工作,但在涉及零维度时会有问题。形状为 $(5,0)$ 的张量可以表示为 $[[],[],[],[],[]]$,但 $(0,5)$ 表示为 $[]$,这丢失了第二维为 5 的信息。

嵌套列表不是维度为零的张量的完整表示。

(1) 张量元素类型

张量元素类型描述见表 3-12。

表 3-12 张量元素类型描述

分组	类型	描述
浮点类型	float16, float32, float64, bfloat16, float8e4m3fn, float8e5m2, float8e4m3fnuz, float8e5m2fnuz, float4e2m1	遵循 IEEE 754—2008 浮点数据标准表示定义的值
带符号整数类型	int4, int8, int16, int32, int64	支持 4~64 位宽的带符号整数
无符号整数类型	uint4, uint8, uint16, uint32, uint64	支持 4~64 位宽无符号整数
复杂类型	complex64, complex128	一个具有 32 位或 64 位实部和虚部的复数
其他	string	字符串表示文本数据。所有字符串都使用 UTF-8 编码
其他	bool	布尔值表示只有两个值的数据,通常是 True 和 False

(2) 输入/输出数据类型

图形和节点输入和输出的类型见表 3-13。

表 3-13 图形和节点输入和输出的类型

变体	类型	描述
ONNX	dense tensors	代表一个张量
ONNX	sequence	序列是密集的、有序的、同质类型的元素集合
ONNX	map	映射是由键类型和值类型定义的关联表
ONNX	optional	可能包含张量、序列或映射类型的元素,也可能为空(不包含任何元素)

3.7.6 静态张量形状

除了元素类型,张量类型还具有静态形状。张量变量的静态形状与张量值的运行时(动态)形状相关,但不同。静态张量形状是一系列记录,指示张量是向量、矩阵还是更高维的值。例如，100×100 矩阵的形状为 [100,100]。

静态形状由 TensorShapeProto 定义：

```
message TensorShapeProto{
  message Dimension{
    oneof value{
      int64 dim_value=1;
      string dim_param=2;
    };
  };
  repeated Dimension dim=1;
}
```

张量类型消息引用：

```
message Tensor{
    optional TensorProto.DataType elem_type=1;
    optional TensorShapeProto shape=2;
}
```

空列表 [] 是一个有效维度大小的张量形状，其表示零维度（标量）值。零维张量不同于未知维张量，未知维张量由张量消息中缺失的形状属性表示。当值的类型（包括节点输入）中不存在 shape 属性时，零维张量表示相应的运行时值可以具有任何形状。即零维张量给出了一种描述缺失形状或缺少尺寸的形状的方法。然而，特定的使用环境可能会对类型和形状施加进一步的限制。例如，模型（顶层图）的输入和输出需要有一个形状，以指示输入和输出的排名，即使不需要指定确切的维度。

列表中每个维度的大小使用字符串存储，以免受数字存储长度的限制。这对于声明关心维度数量但不关心每个维度确切大小的接口非常有用。维度既不能设置 dim_value，也不能设置 dim_param。

例如，$N \times M$ 矩阵将具有形状列表 $[N,M]$。

每个维度变量的名称必须遵循 C90 标识符语法规则。

维度变量没有作用域。维度变量 N 表示模型中所有图有相同的维度变量 N。例如，如果图有两个输入 X 和 Y，每个输入的形状都是 $[N]$，那么在运行时，为 X 和 Y 传递的值必须是具有相同维度的秩为 1 的张量。嵌套的子图目前与主图共享相同的维度变量范围。这允许模型将子图内的张量维度与外部图中的张量维度相关联。

ONNX 支持张量序列等类型。维度变量的全局作用域意味着类型为 Sequence＜Tensor＜float,[M,N]＞＞的变量表示一系列形状相同的张量。如果维度在序列中的所有张量中没有固定大小，则必须从上述类型中省略维度变量 M 或 N。如果序列中的不同张量可能具有不同的秩，则必须从类型中省略整个形状。

例如，执行矩阵乘积的图可以被定义为取形状 $[K,M]$ 和 $[M,N]$ 的两个输入，并产生形状 $[K,N]$ 的输出。

形状可以使用整数和变量的组合来定义。

① 不能使用空字符串（作为维度变量）表示与任何其他维度无关的未知维度，应使

用既没有设置 dim_value 也没有设置 dim_param 的维度。

② 使用字符串"*"（作为维度变量）表示未知基数的零个或多个维度的序列。这不受支持。在当前实现中，形状中的维数必须表示张量的秩。未知秩的张量使用没有形状的 TypeProto::tensor 对象表示，这是合法的。

③ 虽然子图（如循环体）局部的维度变量的作用域机制可能有用，但目前尚不支持。

④ ONNX 支持张量序列等类型。

(1) 属性类型

用于属性的类型系统与用于输入和输出的类型系统相关，但略有不同。属性值可以是密集张量、稀疏张量、标量数值、字符串、图或上述类型之一的重复值。

ModelProto 结构，包含一个元数据_props 字段，允许用户以键值对的形式存储其他元数据。建议用户使用以反向 DNS 名称限定的键名作为前缀（如 ai.onnxruntime.key1），以避免冲突。

(2) 训练相关信息

训练相关信息由模型中包含的 TrainingInfoProto 的一个或多个实例描述。每个 TrainingInfoProto 都包含描述初始化步骤和训练步骤的信息。

初始化步骤使用图（TrainingInfoProto.initialization）和初始化绑定映射（TrainingInfoProto.initialization_binding）进行描述。初始化步骤是通过评估 Graph，并将 Graph 产生的输出分配给初始化绑定中指定的训练模型的状态变量来执行的。初始化绑定在概念上是一个映射，指定为键值对列表，其中每个键是状态变量的名称，值是（初始化）图的输出名称。在绑定中指定为键的每个名称必须是出现在主推理图（即 ModelProto.graph.initializer）中的初始化器的名称，或者是出现在 TrainingInfoProto.algorithm.initializer 中的初始化器的名称。在绑定中指定为值的每个名称都必须是 TrainingInfoProto.initialization 图的输出名称。在重复初始化绑定字段中指定的键值必须是唯一的。

使用 Graph(TrainingInfoProto.算法) 和更新绑定映射（TrainingInfoProto.update_binding）对训练步骤进行类似的描述。训练步骤是通过评估 Graph 并将 Graph 产生的输出分配给更新绑定中指定的状态变量来执行的。上述初始化的约束和描述也适用于训练步骤。

因此，训练模型的状态变量由主推理图（即 ModelProto.graph.initializer）和训练算法图（TrainingInfoProto.algorithm.initializer）的初始化器子集组成，由绑定的键标识（在 TrainingInfoProto.initialization_binding 和 TrainingInfoProto.update_binding 中）。在训练的上下文中，状态变量不是常数值，它们表示多个图共享的可变变量（在顶级训练模型范围内隐式声明）。为了与推理图表示向后兼容，使用共享可变变量的隐式声明而不是显式声明。

所有状态变量都被预初始化为相应初始化器中指定的值。使用更新状态变量的值作为执行初始化步骤的后续调用（使用运行时公开的适当 API）。如果训练模型有多个 TrainingInfoProto 实例，则按顺序执行与每个实例对应的初始化步骤。TrainingInfoProto.initialization 可以省略（仅当没有 initialization_bindings 时）。对于训练步骤，运行时可能允许用户调用 TrainingInfoProto.algorithm 中的任何一个，从而允许训练过程根据需要混合不同的算法。调用不同 TrainingProto.algorithm 的顺序会影响训练结果，调用者有责任以正确的顺序调用它们。

3.8 实现 ONNX 后端

3.8.1 什么是 ONNX 后端？

ONNX 后端是一个可以运行 ONNX 模型的库。由于许多深度学习框架已经存在，所以不需要从头开始创建所有东西。但可以创建一个转换器，将 ONNX 模型转换为相应的框架特定表示，然后将执行委托给框架。例如，ONNX-caffe2（作为 caffe2 的一部分）、ONNX-coreml 和 ONNX-tensorflow 都是作为转换器实现的。

3.8.2 统一后端接口

ONNX 在 ONNX/backend/base.py 定义了一个统一的（Python）后端接口。

此接口中有两个核心概念：设备、后端。

① 设备是对各种硬件（如 CPU、GPU 等）的轻量级抽象。

② 后端是将 ONNX 模型与输入结合，执行计算，然后返回输出的实体。

对于一次性执行，用户可以使用 run_node 和 run_model 快速获得结果。对于重复执行，用户应该使用预处理，其中后端重复执行模型的所有准备工作（例如，加载初始化器），并返回 BackendRep 句柄。

BackendRep 是后端在准备重复执行模型后返回的句柄。用户将输入传递给 BackendRep 的 run 函数，以检索相应的结果。

即使 ONNX 统一后端接口是在 Python 中定义的，后端也不需要在 Python 中实现。例如，可以用 C++ 创建，可以使用 pybind11 或 cython 等工具来实现接口。

3.8.3 ONNX 后端测试

ONNX 提供了一个标准的后端测试套件来协助后端实现验证，建议每个 ONNX 后端运行此测试。

第4章
ONNX数据与操作数优化

4.1 管理实验操作符和图像类别定义

4.1.1 弃用的实验操作符

部分实验运算符已被弃用并从ONNX中删除。弃用的操作符应该从模型中删除，要么用更新的替代运算符替换，要么分解为功能等效的运算符。新旧操作符对比见表4-1。

表4-1 新旧操作符对比

旧操作符	新操作符
ATen	NA
Affine	Add(Mul(X,alpha),beta)
ConstantFill	ConstantOfShape
Crop	Slice-1
DynamicSlice	Slice-10
GRUUnit	NA
GivenTensorFill	常量或ConstantOfShape
ImageScaler	Add(Mul(X,scale),Unsqueeze(bias,axes=[0,2,3]))
ParametricSoftplus	Mul(alpha,Softplus(Mul(beta,X)))
Scale	Mul(X,scale)
ScaledTanh	Mul(Tanh(Mul(X,beta)),alpha)

4.1.2 图像类别定义

对于此模型中使用类型表示法声明自己为IMAGE的每个张量，应该提供元数据供模型使用。使用此机制提供的任何元数据对所有类型来说都是全局的。

键和值不区分大小写。

集合图像元数据描述见表4-2。

表 4-2 集合图像元数据描述

键	值	描述
Image.BitmapPixelFormat	string	指定像素数据的格式。每个枚举值都定义了通道顺序和位深度。 可能值： ①Gray8：1 通道图像，像素数据为 8bpp 灰度。 ②Rgb8：3 通道图像，通道顺序为 RGB，像素数据为 8bpp(无 α)。 ③Bgr8：3 通道图像，通道顺序为 BGR，像素数据为 8bpp(无 α)。 ④Rgba8：4 通道图像，通道顺序为 RGBA，像素数据为 8bpp。 ⑤Bgra8：4 通道图像，通道顺序为 BGRA，像素数据为 8bpp
Image.ColorSpaceGamma	string	指定所使用的 gamma 颜色空间。 线性：线性颜色空间，gamma==1.0。 SRGB：SRGB 颜色空间，gamma==2.2
Image.NominalPixelRange	string	指定存储像素值的范围。可能值： ①标称范围 0～255：8bpp 样品的标称范围为[0…255]。 ②归一化 0～1：[0…1]像素数据被归一化存储。 ③归一化-1～1：[-1…1]像素数据被归一化存储。 ④标称范围 16～235：[16…235]适用于 8bpp 样品

4.2 ONNX 类型

可选类型表示对元素（可以是张量、序列、映射或稀疏张量）或空值的引用。可选类型出现在模型输入、输出以及中间值中。

可选类型使用户能够在 ONNX 中表示更多动态类型场景。类似于 Python 类型中的 Option[X]类型提示，它相当于 Union[None, X]。ONNX 中的 Optional 类型可以引用单个元素或 null。

4.2.1 PyTorch 中的示例

可选类型仅出现在 JIT 脚本编译器生成的 TorchScript 图中。为模型编写脚本可以捕获动态类型，其中可以为可选值分配 None 或值。

(1) 示例 1

```
class Model(torch.nn.Module):
    def forward(self,x,y:Optional[Tensor]=None):
        if y is not None:
            return x+y
        return x
```

对应的 TorchScript 图：

```
Graph(
    %self : __torch__.Model,
    %x.1 : Tensor,
```

```
        %y.1:Tensor?
    ):
        %11:int=prim::Constant[value=1]()
        %4:None=prim::Constant()
        %5:bool=aten::__isnot__(%y.1,%4)
        %6:Tensor=prim::If(%5)
            block0():
                %y.4:Tensor=prim::unchecked_cast(%y.1)
                %12:Tensor=aten::add(%x.1,%y.4,%11)
            ->(%12)
            block1():
            ->(%x.1)
        return(%6)
ONNX graph:
    Graph(
        %x.1:float(2,3),
        %y.1:float(2,3)
    ):
    %2:Bool(1)=onnx::OptionalHasElement(%y.1)
    %5:float(2,3)=onnx::If(%2)
        block0():
            %3:float(2,3)=onnx::OptionalGetElement(%y.1)
            %4:float(2,3)=onnx::Add(%x.1,%3)
        ->(%4)
        block1():
            %x.2:float(2,3)=onnx::Identity(%x.1)
        ->(%x.2)
    return(%5)
```

（2）示例2

```
class Model(torch.nn.Module):
    def forward(
            self,
            src_tokens,
            return_all_hiddens=torch.tensor([False]),
    ):
        encoder_states:Optional[Tensor]=None
        if return_all_hiddens:
            encoder_states=src_tokens
        return src_tokens,encoder_states
```

对应的 TorchScript 图：

```
Graph(
    %src_tokens.1:float(3,2,4,),
    %return_all_hiddens.1:Bool(1)
```

```
        ):
            %3:None=prim::Constant()
            %encoder_states:Tensor? = prim::If(%return_all_hiddens.1)
                block0():
                -> (%src_tokens.1)
                block1():
                -> (%3)
            return(%src_tokens.1,%encoder_states)
ONNX graph:
    Graph(
        %src_tokens.1:float(3,2,4),
        %return_all_hiddens.1:Bool(1)
    ):
        %2:float(3,2,4)=onnx::Optional[type=tensor(float)]()
        %3:float(3,2,4)=onnx::If(%return_all_hiddens.1)
            block0():
            -> (%src_tokens.1)
            block1():
            -> (%2)
        return(%3)
```

4.2.2 操作符惯例

为了保持运算符签名的一致性，应遵循以下原则：
① 所有属性名称都应该小写，可以使用下划线。
② 任何由单个字母表示的输入/输出都大写（即 X）。
③ 任何由完整单词或多个单词表示的输入/输出都小写，可使用下划线。
④ 任何代表偏差张量的输入/输出都将使用名称"B"。
⑤ 任何表示权重张量的输入/输出都将使用名称"W"。
⑥ 当输入、输出或属性表示多个轴时，使用"M 轴"。
⑦ 当输入、输出或属性表示单个轴时，使用"S 轴"。

4.3 E4M3FNUZ 和 E5M2FNUZ

4.3.1 指数偏差问题

浮点数 8 FLOAT8E4M3FN（非 null，非 NaN）和 FLOAT8E4M3FNUZ 存在指数偏差，不能简单地直接转换。

(1) float8 类型

float8 与 float16 指数偏差对比见表 4-3。

表 4-3　float8 与 float16 指数偏差对比

指数偏差	float8	float16
无限		
NaN	$1.0000.000_2$	$1.00000.00_2$
Zeros	$0.0000.000_2$	$0.00000.00_2$
Max	$S.1111.111_2$	$S.11111.11_2$
Min	$S.0000.001_2 = 2^{-10}$	$S.00000.01_2 = 2^{-17}$

(2) float8 类型值

E4M3FN 和 E5M2 的 float8 对比值见表 4-4。

表 4-4　E4M3FN 和 E5M2 的 float8 对比值

情况	E4M3FN	E5M2
exponent≠0	$(-1)^S 2^{\sum_{i=3}^{6} b_i 2^{i-3} - 8} \left(1 + \sum_{i=0}^{2} b_i 2^{i-3}\right)$	$(-1)^S 2^{\sum_{i=2}^{6} b_i 2^{i-2} - 16} \left(1 + \sum_{i=0}^{1} b_i 2^{i-2}\right)$
exponent=0	$(-1)^S 2^{-7} \sum_{i=0}^{2} b_i 2^{i-3}$	$(-1)^S 2^{-15} \sum_{i=0}^{1} b_i 2^{i-2}$

4.3.2　Cast 节点用于数据类型转换

从 float8 到 float16（或 E5M10）、bfloat16（或 E8M7）、float32（或 E8M23）的转换更容易。转换不一定保留特定值（如 -0 或 $-$NaN）的符号。

强制 float8 类型转换为最接近原始值 float32 的类型，通常是通过移动和截断来完成的。

转换可能会出现饱和，超出范围的每个值都会成为最高可用值。可能导致饱和的数据类型转换见表 4-5，其中 [x] 表示四舍五入到目标尾数宽度的值。

表 4-5　可能导致饱和的数据类型转换

x	E4M3FN	E4M3FNUZ	E5M2	E5M2FNUZ
0	0	0	0	0
-0	-0	0	-0	0
NaN	NaN	NaN	NaN	NaN
Inf	FLT_MAX	NaN	FLT_MAX	NaN
$-$Inf	$-$FLT_MAX	NaN	$-$FLT_MAX	NaN
[x]>FLT_MAX	FLT_MAX	FLT_MAX	FLT_MAX	FLT_MAX
[x]<$-$FLT_MAX	$-$FLT_MAX	$-$FLT_MAX	$-$FLT_MAX	$-$FLT_MAX
其他	RNE	RNE	RNE	RNE

数据类型转换可以在没有任何饱和的情况下定义,见表 4-6。

表 4-6 无饱和定义数据类型转换

x	E4M3FN	E4M3FNUZ	E5M2	E5M2FNUZ
0	0	0	0	0
−0	−0	0	−0	0
NaN	NaN	NaN	NaN	NaN
−NaN	−NaN	NaN	−NaN	NaN
Inf	NaN	NaN	Inf	NaN
−Inf	−NaN	NaN	−Inf	NaN
[x]>FLT_MAX	NaN	NaN	Inf	NaN
[x]<−FLT_MAX	NaN	NaN	−Inf	NaN
其他	RNE	RNE	RNE	RNE

4.4 整数类型(4位)

4.4.1 整数类型(4位)概述

本节介绍 4 位整数及其在 LLM 中的使用。尽管它们的存储范围有限,但通过仔细选择缩放参数,当用于权重压缩(仅权重量化)时,以及在某些情况下用于激活的量化时,仍可以获得良好的精度。

整数类型权重量化典型示例:

① AWQ:LLM 压缩和加速的激活感知权重量化(AWQ)侧重于 LLM 中权重的量化,考虑并非所有权重都同等重要。该方法旨在基于激活来保护显著权重,而不是依赖于反向传播或重建技术。通过搜索保留关键权重的最佳每信道大小,AWQ 旨在最小化量化误差。

② GPTQ:生成预训练 Transformers 的精确训练后量化 GPTQ,提出了一种基于近似二阶信息的单次权重量化方法。GPTQ 实现了显著的压缩增益,将比特宽度减少到每权重 3 或 4 比特,与未压缩的状态相比,精度下降可以忽略不计。

③ 理解 Transformers 模型的 INT4 量化:通过延迟加速、组合排序和故障案例,分析权重量化到 4 位(W4A4)的效果。结果表明,对于仅编码器和编码器-解码器模型,W4A4 量化几乎不会导致精度下降,但对于仅解码器模型,会导致精度显著下降。为了使用 W4A4 实现性能提升,引入了一个高度优化的端到端 W4A4 编码器推理流水线,支持各种量化策略。

在 onnx==1.17.0 中引入了两种新类型,以支持有限的运算符集,使用 4 位数据类型进行压缩：

① UINT4：4位无符号整数，值在 [0,15] 范围内。

② INT4：4位有符号整数，使用2的补码表示，值在 [−8,7] 范围内。

4.4.2　Cast 节点用于数据类型转换、包装和拆包

从4位 Cast 到任何更高精度的类型都是精确的。转换为4位类型是通过四舍五入到最接近的整数（与偶数相关）并截断来完成的。

所有4位类型都以 2×4bit 形式存储在一个字节中。第一个元素存储在4个 LSB 中，第二个元素存储于4个 MSB 中。即，对于阵列中连续的元素 x、y：

```
pack(x,y):y<<4|x & 0x0F
unpack(z):x=z & 0x0F,y=z>>4
```

如果元素总数为奇数，则将附加4位的填充。大小为 N 的4位张量的存储大小为 ceil($N/2$)。

4.5　浮点数（4位）

4.5.1　浮点数（4位）概述

4位浮点格式已成为大型语言模型成本上升和部署挑战问题的解决方案。S1E2M1 格式是开放计算项目（OCP）标准的一部分。

在 onnx==1.18.0 中引入了一种新的数据类型，以支持有限的运算符集，从而能够使用 float4 进行计算：

FLOAT4E2M1：1位用于符号，2位用于指数，1位用于尾数，没有空 null 或无限 Inf。

4.5.2　E2M1、包装和拆包

S 代表符号位。10_2 表示以2为基数的数字。

float4 以 2×4bit 的形式存储在一个字节中。第一个元素存储在4个 LSB 中，第二个元素存储于4个 MSB 中，即对于阵列中连续的元素 x 和 y：

```
pack(x,y):y<<4|x & 0x0F
unpack(z):x=z & 0x0F,y=z>>4
```

如果元素总数为奇数，则将附加4位的填充。大小为 N 的4位张量的存储大小为 ceil($N/2$)。

4.6　ONNX 如何使用 onnxruntime.InferenceSession 函数

4.6.1　操作符测试代码示例

许多示例调用函数 expect 来检查运行时是否返回给定示例的预期输出。下面是一个基于 onnxruntime 的实现代码：

```python
from typing import Any,Sequence
import numpy as np
import onnx
import onnxruntime
def expect(
    node:onnx.NodeProto,
    inputs:Sequence[np.ndarray],
    outputs:Sequence[np.ndarray],
    name:str,
    **kwargs:Any,
)->None:
    # 构建模型
    present_inputs=[x for x in node.input if(x!="")]
    present_outputs=[x for x in node.output if(x!="")]
    input_type_protos=[None]*len(inputs)
    if"input_type_protos" in kwargs:
        input_type_protos=kwargs["input_type_protos"]
        del kwargs["input_type_protos"]
    output_type_protos=[None]*len(outputs)
    if"output_type_protos" in kwargs:
        output_type_protos=kwargs["output_type_protos"]
        del kwargs["output_type_protos"]
    inputs_vi=[
        _extract_value_info(arr,arr_name,input_type)
        for arr,arr_name,input_type in zip(inputs,present_inputs,input_type_protos)
    ]
    outputs_vi=[
        _extract_value_info(arr,arr_name,output_type)
        for arr,arr_name,output_type in zip(
            outputs,present_outputs,output_type_protos
        )
    ]
```

```python
    graph=onnx.helper.make_graph(
        nodes=[node],name=name,inputs=inputs_vi,outputs=outputs_vi
    )
    kwargs["producer_name"]="backend-test"
    if"opset_imports" not in kwargs:
        # 确保在opset更改后,模型将以相同的opset_version生成
        # 默认情况下,使用since_version作为生成模型的opset_version
        produce_opset_version=onnx.defs.get_schema(
            node.op_type,domain=node.domain
        ).since_version
        kwargs["opset_imports"]=[
            onnx.helper.make_operatorsetid(node.domain,produce_opset_version)
        ]
    model=onnx.helper.make_model_gen_version(graph,**kwargs)
    # 检查产品是否符合预期
    sess=onnxruntime.InferenceSession(model.SerializeToString(),
                                      providers=["CPUExecutionProvider"])
    feeds={name:value for name,value in zip(node.input,inputs)}
    results=sess.run(None,feeds)
    for expected,output in zip(outputs,results):
        assert_allclose(expected,output)
```

4.6.2 函数定义

此运算符的函数定义如下:

```
<
  domain:"",
  opset_import:[""  :20]
>
AffineGrid<align_corners>(theta,size)=>(grid)
{
  one=Constant<value_int:int=1>()
  two=Constant<value_int:int=2>()
  zero=Constant<value_int:int=0>()
  four=Constant<value_int:int=4>()
  one_1d=Constant<value_ints:ints=[1]>()
  zero_1d=Constant<value_ints:ints=[0]>()
  minus_one=Constant<value_int:int=-1>()
  minus_one_f=CastLike(minus_one,theta)
  zero_f=CastLike(zero,theta)
  one_f=CastLike(one,theta)
```

```
two_f=CastLike(two,theta)
constant_align_corners=Constant<value_int:int=@align_corners>()
constant_align_corners_equal_zero=Equal(constant_align_corners,zero)
size_ndim=Size(size)
condition_is_2d=Equal(size_ndim,four)
N,C,D,H,W=If(condition_is_2d)<then_branch:graph=g1()=>(N_then,C_then,
    D_then,H_then,W_then){
    N_then,C_then,H_then,W_then=Split<num_outputs:int=4>(size)
    D_then=Identity(one_1d)
},else_branch:graph=g2()=>(N_else, C_else, D_else, H_else, W_else){
    N_else,C_else,D_else,H_else,W_else=Split<num_outputs:int=5>(size)
}>
size_NCDHW=Concat<axis:int=0>(N,C,D,H,W)
theta_3d=If(condition_is_2d)<then_branch:graph=g3()=>(theta_then){
    gather_idx_6=Constant<value_ints:ints=[0,1,2,0,1,2]>()
    shape_23=Constant<value_ints:ints=[2,3]>()
    gather_idx_23=Reshape(gather_idx_6,shape_23)
    shape_N23=Concat<axis:int=0>(N,shape_23)
    gather_idx_N23=Expand(gather_idx_23,shape_N23)
    thetaN23=GatherElements<axis:int=2>(theta,gather_idx_N23)
    r1,r2=Split<axis:int=1,num_outputs:int=2>(thetaN23)
    r1_=Squeeze(r1)
    r2_=Squeeze(r2)
    r11,r12,t1=Split<axis:int=1,num_outputs:int=3>(r1_)
    r21,r22,t2=Split<axis:int=1,num_outputs:int=3>(r2_)
    r11_shape=Shape(r21)
    float_zero_1d_=ConstantOfShape(r11_shape)
    float_zero_1d=CastLike(float_zero_1d_,theta)
    float_one_1d=Add(float_zero_1d,one_f)
    R1=Concat<axis:int=1>(r11,r12,float_zero_1d,t1)
    R2=Concat<axis:int=1>(r21,r22,float_zero_1d,t2)
    R3=Concat<axis:int=1>(float_zero_1d,float_zero_1d,float_one_1d,
                         float_zero_1d)
    R1_=Unsqueeze(R1,one_1d)
    R2_=Unsqueeze(R2,one_1d)
    R3_=Unsqueeze(R3,one_1d)
    theta_then=Concat<axis:int=1>(R1_,R2_,R3_)
    },else_branch:graph=g4()=>(theta_else){
    theta_else=Identity(theta)
}>
two_1d=Constant<value_ints:ints=[2]>()
three_1d=Constant<value_ints:ints=[3]>()
five_1d=Constant<value_ints:ints=[5]>()
```

```
constant_D_H_W_shape=Slice(size_NCDHW,two_1d,five_1d)
zeros_D_H_W_=ConstantOfShape(constant_D_H_W_shape)
zeros_D_H_W=CastLike(zeros_D_H_W_,theta)
ones_D_H_W=Add(zeros_D_H_W,one_f)
D_float=CastLike(D,zero_f)
H_float=CastLike(H,zero_f)
W_float=CastLike(W,zero_f)
start_d,step_d,start_h,step_h,start_w,step_w=If(constant_align_corners_equal_zero)<then_branch:graph=h1()=>(start_d_then,step_d_then,start_h_then,step_h_then,start_w_then,step_w_then){
    step_d_then=Div(two_f,D_float)
    step_h_then=Div(two_f,H_float)
    step_w_then=Div(two_f,W_float)
    step_d_half=Div(step_d_then,two_f)
    start_d_then=Add(minus_one_f,step_d_half)
    step_h_half=Div(step_h_then,two_f)
    start_h_then=Add(minus_one_f,step_h_half)
    step_w_half=Div(step_w_then,two_f)
    start_w_then=Add(minus_one_f,step_w_half)
},else_branch:graph=h2()=>(start_d_else,step_d_else,start_h_else,step_h_else,start_w_else,step_w_else){
    D_float_nimus_one=Sub(D_float,one_f)
    H_float_nimus_one=Sub(H_float,one_f)
    W_float_nimus_one=Sub(W_float,one_f)
    D_equals_one=Equal(D,one)
    step_d_else=If(D_equals_one)<then_branch:graph=g5()=>(step_d_else_then){
        step_d_else_then=Identity(zero_f)
    },else_branch:graph=g6()=>(step_d_else_else){
        step_d_else_else=Div(two_f,D_float_nimus_one)
    }>
    step_h_else=Div(two_f,H_float_nimus_one)
    step_w_else=Div(two_f,W_float_nimus_one)
    start_d_else=Identity(minus_one_f)
    start_h_else=Identity(minus_one_f)
    start_w_else=Identity(minus_one_f)
}>
grid_w_steps_int=Range(zero,W,one)
grid_w_steps_float=CastLike(grid_w_steps_int,step_w)
grid_w_steps=Mul(grid_w_steps_float,step_w)
grid_w_0=Add(start_w,grid_w_steps)
grid_h_steps_int=Range(zero,H,one)
grid_h_steps_float=CastLike(grid_h_steps_int,step_h)
```

```
    grid_h_steps=Mul(grid_h_steps_float,step_h)
    grid_h_0=Add(start_h,grid_h_steps)
    grid_d_steps_int=Range(zero,D,one)
    grid_d_steps_float=CastLike(grid_d_steps_int,step_d)
    grid_d_steps=Mul(grid_d_steps_float,step_d)
    grid_d_0=Add(start_d,grid_d_steps)
    zeros_H_W_D=Transpose<perm:ints=[1,2,0]>(zeros_D_H_W)
    grid_d_1=Add(zeros_H_W_D,grid_d_0)
    grid_d=Transpose<perm:ints=[2,0,1]>(grid_d_1)
    zeros_D_W_H=Transpose<perm:ints=[0,2,1]>(zeros_D_H_W)
    grid_h_1=Add(zeros_D_W_H,grid_h_0)
    grid_h=Transpose<perm:ints=[0,2,1]>(grid_h_1)
    grid_w=Add(grid_w_0,zeros_D_H_W)
    grid_w_usqzed=Unsqueeze(grid_w,minus_one)
    grid_h_usqzed=Unsqueeze(grid_h,minus_one)
    grid_d_usqzed=Unsqueeze(grid_d,minus_one)
    ones_D_H_W_usqzed=Unsqueeze(ones_D_H_W,minus_one)
    original_grid=Concat<axis:int=-1>(grid_w_usqzed,grid_h_usqzed,grid_d_usqzed,ones_D_H_W_usqzed)
    constant_shape_DHW_4=Constant<value_ints:ints=[-1,4]>()
    original_grid_DHW_4=Reshape(original_grid,constant_shape_DHW_4)
    original_grid_4_DHW_=Transpose(original_grid_DHW_4)
    original_grid_4_DHW=CastLike(original_grid_4_DHW_,theta_3d)
    grid_N_3_DHW=MatMul(theta_3d,original_grid_4_DHW)
    grid_N_DHW_3=Transpose<perm:ints=[0,2,1]>(grid_N_3_DHW)
    N_D_H_W_3=Concat<axis:int=-1>(N,D,H,W,three_1d)
    grid_3d_else_=Reshape(grid_N_DHW_3,N_D_H_W_3)
    grid_3d=CastLike(grid_3d_else_,theta_3d)
    grid=If(condition_is_2d)<then_branch:graph=g1()=>(grid_then){
        grid_squeezed=Squeeze(grid_3d,one_1d)
        grid_then=Slice(grid_squeezed,zero_1d,two_1d,three_1d)
    },else_branch:graph=g2()=>(grid_else){
        grid_else=Identity(grid_3d)
    }>
}
```

4.6.3 函数属性

align_corner

默认值为 0。如果 align_corner=1,则考虑-1 和 1 表示角像素的中心。如果 align_corner=0,则考虑-1 和 1 表示角像素的外边缘。

(1) 输入

① theta(heterogeneous)-T1:输入一批形状为($N,2,3$)(2D)或($N,3,4$)(3D)的仿射矩阵。

② size(heterogeneous)-T2:用于2D的目标输出图像大小(N,C,H,W)或用于3D的(N,C,D,H,W)。

(2) 输出

grid(heterogeneous)-T1:2D样本坐标的形状($N,H,W,2$)或3D样本坐标的($N,D,H,W,3$)的输出张量。

(3) 类型约束

① T1 in(tensor(bfloat16),tensor(double),tensor(float),tensor(float16)):将网格类型约束为浮点张量。

② T2 in(tensor(int64)):将size的类型约束为int64张量。

4.7 自定义算子

4.7.1 添加算子

应使用ONNX_contrib_OPERATOR_schema在contrib_defs.cc中添加自定义操作的模式和形状推理函数。以下为逆运算的示例代码。

```
ONNX_CONTRIB_OPERATOR_SCHEMA(Inverse)
    .SetDomain(kMSDomain)//kMSDomain="com.microsoft"
    .SinceVersion(1)//与运算符(符号)注册时使用的版本相同
    ...
```

一个新的操作符应该有完整的参考,包括实现测试和形状推理测试两部分。

实现测试应该添加在onnxruntime/test/python/contrib_ops中,例如aten_op_tests.py。

应在onnxruntime/test/contrib_ops中添加形状推理测试,例如trilu_shape_inference_test.cc。

对于CPU,使用onnxruntime/contrib_ops/cpu/和cuda,并通过connxruntime/contrib_ops/cuda/中contrib命名空间下的Compute函数来实现运算符内核。

添加算子的伪代码如下:

```
namespace onnxruntime{
namespace contrib{
class Inverse final :public OpKernel{
public:
    explicit Inverse(const OpKernelInfo& info):OpKernel(info){}
    Status Compute(OpKernelContext * ctx)const override;
```

```
private:
...
};

ONNX_OPERATOR_KERNEL_EX(
    Inverse,
    kMSDomain,
    1,
    kCpuExecutionProvider,
    KernelDefBuilder()
        .TypeConstraint("T",BuildKernelDefConstraints<float,double,MLfloat16>()),
    Inverse);
Status Inverse::Compute(OpKernelContext * ctx)const{
...//内核实现
}
} //命名空间控制
} //命名空间 onnxruntime
```

内核应在 CPU 的 cpu_contrib_kernels.cc 和 CUDA 的 cuda_contrib_kernels.cc 中注册。

4.7.2 控制操作测试

应在 onnxruntime/test/contrib_ops/ 中添加测试,例如:

```
namespace onnxruntime{
namespace test{
//为自定义操作内核实现添加一组全面的单元测试
TEST(InverseContribOpTest,two_by_two_float){
  OpTester test("Inverse",1,kMSDomain);//自定义 opset 版本和域
  test.AddInput<float>("X",{2,2},{4,7,2,6});
  test.AddOutput<float>("Y",{2,2},{0.6f,-0.7f,-0.2f,0.4f});
  test.Run();
}
...
} //命名空间测试
} //命名空间 onnxruntime
```

4.7.3 自定义运算符

ONNX Runtime 提供了运行非官方 ONNX 操作符的自定义操作符的选项。自定义运

算符与 contrib 运算符不同，后者是直接内置于 ORT 中的选定非官方 ONNX 运算符。

（1）定义并注册自定义运算符

在 onnxruntime 1.16 以上版本中，自定义运算符可以简单地实现为函数：

```cpp
void KernelOne(const Ort::Custom::Tensor<float>& X,
               const Ort::Custom::Tensor<float>& Y,
               Ort::Custom::Tensor<float>& Z){
    auto input_shape=X.Shape();
    auto x_raw=X.Data();
    auto y_raw=Y.Data();
    auto z_raw=Z.Allocate(input_shape);
    for(int64_t i=0;i<Z.NumberOfElement();++i){
        z_raw[i]=x_raw[i]+y_raw[i];
    }
}
int main(){
    Ort::CustomOpDomain v1_domain{"v1"};
    //确保 custom_op_one 与消费会话具有相同的生存期
    std::unique_ptr<OrtLiteCustomOp>custom_op_one{Ort::Custom::CreateLiteCustomOp("CustomOpOne","CPUExecutionProvider",KernelOne)};
    v1_domain.Add(custom_op_one.get());
    Ort::SessionOptions session_options;
    session_options.Add(v1_domain);
    //使用 session_options 创建会话...
}
```

对于具有属性的自定义操作，还支持结构体：

```cpp
struct Merge{
    Merge(const OrtApi * ort_api,const OrtKernelInfo * info){
        int64_t reverse;
        ORT_ENFORCE(ort_api->KernelInfoGetAttribute_int64(info,"reverse",&reverse)==nullptr);
        reverse_=reverse!=0;
    }
    //需要存在计算成员函数
    void Compute(const Ort::Custom::Tensor<std::string_view>& strings_in,
                 std::string_view string_in,
                 Ort::Custom::Tensor<std::string> * strings_out){
        std::vector<std::string>string_pool;
        for(const auto& s :strings_in.Data()){
            string_pool.emplace_back(s.data(),s.size());
        }
        string_pool.emplace_back(string_in.data(),string_in.size());
```

```
    if(reverse_){
      for(auto& str :string_pool){
        std::reverse(str.begin(),str.end());
      }
      std::reverse(string_pool.begin(),string_pool.end());
    }
    strings_out->SetStringOutput(string_pool,{static_cast<int64_t>(string_pool.size())});
  }
  bool reverse_=false;
};

int main(){
  Ort::CustomOpDomain v2_domain{"v2"};
  //确保 mrg_op_ptr 与消费会话具有相同的生存期
  std::unique_ptr<Ort::Custom::OrtLiteCustomOp>mrg_op_ptr{Ort::Custom::CreateLiteCustomOp<Merge>("Merge","CPUExecutionProvider")};
  v2_domain.Add(mrg_op_ptr.get());
  Ort::SessionOptions session_options;
  session_options.Add(v2_domain);
  //使用 session_options 创建会话...
}
```

结构体需要一个计算成员函数才能作为自定义操作运行，该计算成员函数应满足以下要求：

① 输入需要声明为 const 引用。

② 输出需要声明为非常量引用。

③ 支持的模板参数有：int8_t、int16_t、int32_t、int64_t、float、double。

④ 支持 std:: string_view 作为输入，std:: string 作为输出。

⑤ 对于在 CPUExecutionProvider 上运行的自定义运算符函数，支持 span 和标量作为输入。

⑥ 对于需要内核上下文的自定义操作函数，使用 unique_ptr 托管创建的自定义操作时，确保它与消费会话一起保持活动状态。

（2）创建自定义运算符库

自定义运算符可以在单独的共享库中定义，例如 Windows 上的 .dll 或 Linux 上的 .so。自定义运算符库必须导出并实现 RegisterCustomOps 函数。RegisterCustomOps 函数将包含库自定义运算符的 Ort::CustomOpDomain 添加到提供的会话选项中。

① 从自定义运算符调用本地运算符。为了简化自定义运算符的实现，可以直接调用本地 onnxruntime 运算符。例如，一些自定义操作可能必须在计算过程中执行 GEMM 或 TopK。这可能有助于对节点（如 Conv）进行预处理和后处理，以实现状态管理目的。为了实现这一点，Conv 节点可以由自定义运算符（如 CustomConv）封装，在该运算符中可以缓存和处理输入和输出。

② CUDA 和 ROCm 的自定义操作。onnxruntime 1.16 以上版本，支持 CUDA 和 ROCm 设备的客户操作，可以通过设备相关上下文直接访问设备相关资源。以 CUDA 为例：

```
void KernelOne(const Ort::Custom::CudaContext& cuda_ctx,
               const Ort::Custom::Tensor<float>& X,
               const Ort::Custom::Tensor<float>& Y,
               Ort::Custom::Tensor<float>& Z){
    auto input_shape=X.Shape();
    CUSTOM_ENFORCE(cuda_ctx.cuda_stream,"failed tofetch cuda stream");
    CUSTOM_ENFORCE(cuda_ctx.cudnn_handle,"failed to fetch cudnn handle");
    CUSTOM_ENFORCE(cuda_ctx.cublas_handle,"failed to fetch cublas handle");
    auto z_raw=Z.Allocate(input_shape);
    cuda_add(Z.NumberOfElement(),z_raw,X.Data(),Y.Data(),cuda_ctx.cuda_stream);
    //在内部启动内核
}
```

为了进一步促进开发，可通过 CudaContext 进行各种各样的资源配置。对于 ROCm，代码如下：

```
void KernelOne(const Ort::Custom::RocmContext& rocm_ctx,
               const Ort::Custom::Tensor<float>& X,
               const Ort::Custom::Tensor<float>& Y,
               Ort::Custom::Tensor<float>& Z){
    auto input_shape=X.Shape();
    CUSTOM_ENFORCE(rocm_ctx.hip_stream,"无法获取 hip 流");
    CUSTOM_ENFORCE(rocm_ctx.miopen_handle,"无法获取 miopen 句柄");
    CUSTOM_ENFORCE(rocm_ctx.rblas_handle,"无法获取 rocblas 句柄");
    auto z_raw=Z.Allocate(input_shape);
    rocm_add(Z.NumberOfElement(),z_raw,X.Data(),Y.Data(),rocm_ctx.hip_stream);
    //在内部启动内核
}
```

③ 一次操作，多种类型。onnxruntime 1.16 以上版本允许自定义操作支持各种数据类型：

```
template<typename T>
void MulTop(const Ort::Custom::Span<T>& in,Ort::Custom::Tensor<T>& out){
    out.Allocate({1})[0]=in[0]*in[1];
}
int main(){
    std::unique_ptr<OrtLiteCustomOp>c_MulTopOpfloat{Ort::Custom::CreateLiteCustomOp("MulTop","CPUExecutionProvider",MulTop<float>)};
    std::unique_ptr<OrtLiteCustomOp>c_MulTopOpInt32{Ort::Custom::CreateLiteCustomOp("MulTop","CPUExecutionProvider",MulTop<int32_t>)};
    //创建一个同时添加 c_MulTopOpfloat 和 c_MulTopOpInt32 的域
}
```

（3）将外部推理运行时包装在自定义运算符中

自定义运算符可以包装整个模型，然后使用外部 API 或运行时进行推理。这种方式可以促进外部推理引擎或 API 与 ONNX Runtime 的集成。

例如，考虑以下具有名为 OpenVINO_Wrapper 的自定义运算符的 ONNX 模型。OpenVINO_Wrapper 节点以 OpenVINO 的原生模型格式（XML 和 BIN 数据）封装了整个 MNIST 模型。模型数据被序列化为节点的属性，随后由自定义运算符的内核检索，以构建模型的内存表示，并使用 OpenVINO C++ API 运行推理。

ONNX 模型与 OpenVINO MNIST 模型对比，如图 4-1 所示。

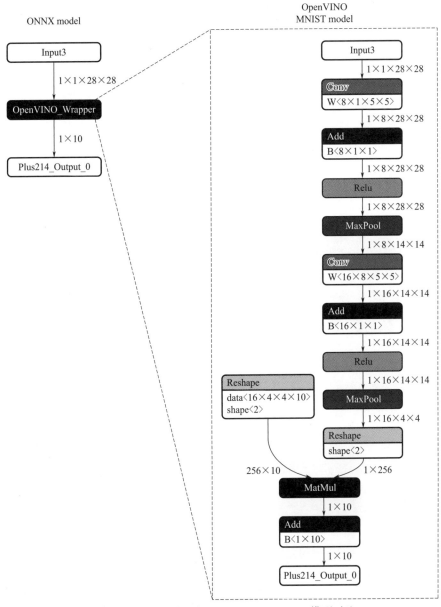

图 4-1 ONNX 模型与 OpenVINO MNIST 模型对比

以下代码片段展示了如何定义自定义运算符:

```cpp
//下面的代码使用了遗留的自定义操作接口
struct CustomOpOpenVINO :Ort::CustomOpBase<CustomOpOpenVINO,KernelOpenVINO>{
  explicit CustomOpOpenVINO(Ort::ConstSessionOptions session_options);
  CustomOpOpenVINO(const CustomOpOpenVINO&)=delete;
  CustomOpOpenVINO& operator=(const CustomOpOpenVINO&)=delete;
  void * CreateKernel(const OrtApi& api,const OrtKernelInfo * info)const;
  constexpr const char * GetName()const noexcept{
    return"OpenVINO_Wrapper";
  }
  constexpr const char * GetExecutionProviderType()const noexcept{
    return"CPUExecutionProvider";
  }
  //为了包装一个通用的特定运行时的模型,自定义运算符必须具有一个非齐次变量输入和输出
  constexpr size_t GetInputTypeCount()const noexcept{
    return 1;
  }
  constexpr size_t GetOutputTypeCount()const noexcept{
    return 1;
  }
  constexpr ONNXTensorElementDataType GetInputType(size_t/* index */)const noexcept{
    return ONNX_TENSOR_ELEMENT_DATA_TYPE_UNDEFINED;
  }
  constexpr ONNXTensorElementDataType GetOutputType(size_t/* index */)const noexcept{
    return ONNX_TENSOR_ELEMENT_DATA_TYPE_UNDEFINED;
  }
  constexpr OrtCustomOpInputOutputCharacteristic GetInputCharacteristic(size_t/* index */)const noexcept{
    return INPUT_OUTPUT_VARIADIC;
  }
  constexpr OrtCustomOpInputOutputCharacteristic GetOutputCharacteristic(size_t/* index */)const noexcept{
    return INPUT_OUTPUT_VARIADIC;
  }
  constexpr bool GetVariadicInputHomogeneity()const noexcept{
    return false;   //异构
  }
  constexpr bool GetVariadicOutputHomogeneity()const noexcept{
    return false;   //异构
  }
```

```
    //device_type 可在会话级别配置
    std::vector<std::string> GetSessionConfigKeys() const {return {"device_
type"};}
  private:
    std::unordered_map<std::string,std::string> session_configs_;
};
```

自定义运算符被定义为具有单变量/异构输入和单变量/异质输出。这对于使用不同的输入和输出类型和形状包装 OpenVINO 模型（而不仅仅是 MNIST 模型）是必要的。

此外，自定义运算符将 device_type 声明为可由应用程序设置的会话配置。以下代码片段展示了如何注册和配置自定义运算符库：

```
Ort::Env env;
Ort::SessionOptions session_options;
Ort::CustomOpConfigs custom_op_configs;
//为自定义操作创建本地会话配置条目
custom_op_configs.AddConfig("OpenVINO_Wrapper","device_type","CPU");
//注册自定义操作库并传入自定义操作配置(可选)
session_options.RegisterCustomOpsLibrary("MyOpenVINOWrapper_Lib.so",custom_
op_configs);
Ort::Session session(env,ORT_TSTR("custom_op_mnist_ov_wrapper.onnx"),session_
options);
```

4.7.4 缩减运算符配置文件

缩减运算符配置文件是从源脚本到 ONNX 运行时构建的输入。它指定运行时中包含哪些运算符。ONNX Runtime 中的缩减运算符集允许更小的构建二进制大小，便于在移动应用和 web 部署等受限环境中使用。

本小节将展示如何使用 create_reduced_build_config 脚本生成缩减运算符配置文件。

(1) create_reduced_build_config.py 脚本

要创建缩减运算符配置文件，可在模型上运行该脚本。内核配置文件可以根据需要手动编辑，也可以从 ONNX 或 ORT 格式模型创建配置。使用如下命令查看脚本说明：

```
create_reduced_build_config.py--help
```

脚本参数：

```
[-h][-f{ONNX,ORT}][-t]model_path_or_dir config_path
```

位置参数说明：model_path_or_dir：指向单个模型的路径，或递归搜索要处理的模型的目录。

config_path：用于写入配置文件的路径。

可选参数说明：

-h，--help：显示此帮助消息并退出。

-f{ONNX,ORT}，--format{ONNX,ORT}：待处理模型的格式（默认值：ONNX）。

-t，--enable_type_reduction：启用对单个操作符所需的特定类型的跟踪。运算符将构建中包含的类型支持限制为这些类型。仅适用于 ORT 格式模型（默认值：False）。

（2）配置文件格式

操作符缩减配置文件的基本格式为"<算子域>；<opset 域>；<op1>[,op2]..."。例如：

```
# domain;opset;op1,op2...
ai.onnx;12;Add,Cast,Concat,Squeeze
```

opset 可以匹配每个模型的 opset 导入，也可以匹配操作符首次可用的初始 ONNX opset。如果手动编辑配置文件，使用模型中的 opset 输入值是最简单的。

例如，模型导入 ONNX 的 opset 12，则该模型中的所有 ONNX 操作符都可以在 ai.onnx 域的 opset 12 中列出。

Netron 可用于查看 ONNX 模型属性，以发现 opset 导入。

（3）类型缩减格式

① 运算符类型信息。如果运算符实现支持的类型可以限制为一组特定的类型，则应在配置文件中的运算符名称后立即用 JSON 字符串指定。

首先使用启用了类型缩减的 ORT 格式模型生成配置文件，以查看哪些运算符支持类型缩减，以及如何为单个运算符定义条目。

所需类型通常按运算符的输入和（或）输出列出。类型信息位于映射图 map 中，带有输入和输出的键。输入或输出的值是输入/输出的索引号和所需类型列表之间的映射。

例如，输入和输出类型都与 ai.onnx:Cast 相关。输入 0 和输出 0 的类型信息可能如下：

```
{"inputs":{"0":["float","int32_t"]},"outputs":{"0":["float","int64_t"]}}
```

把这些信息直接添加在配置文件的操作符名称之后，例如：

```
ai.onnx;12;Add,Cast{"inputs":{"0":["float","int32_t"]},"outputs":{"0":["float","int64_t"]}},Concat,Squeeze
```

如果输入 0 和 1 的类型很重要，则条目可能看起来像这样，例如：

```
ai.onnx:Gather):
    {"inputs":{"0":["float","int32_t"],"1":["int32_t"]}}
```

最后，一些运算符会执行非标准操作，并将其类型信息存储在自定义键下。key.ai.onnx.OneHot 就是一个示例，其中三种输入类型被组合成一个三元组：

```
{"custom":[["float","int64_t","int64_t"],["int64_t","std::string","int64_t"]]}
```

出于这些原因，最好先生成配置文件，并在需要时手动编辑条目。

② 全局允许的类型。可以将所有运算符支持的类型限制为一组特定的类型，这些被称为全局允许的类型，它们可以在配置文件的单独一行中指定。

为所有运算符指定全局允许的类型的格式为：

```
!globally_allowed_types;T0,T1,...
```

T_i 应该是 ONNX 和 ORT 支持的 C++ 标量类型。最多允许存在一个全局允许的类型规范。

指定每个运算符的类型信息和指定全局允许的类型是互斥的，同时指定这两种类型将报错。

4.8 分析工具

4.8.1 代码内性能分析

onnxruntime_perf_test.exe 工具（可从构建下拉菜单中获得）可用于测试各种功能。可使用"onnxruntime_perf_test.exe-h"命令查找使用说明。perf_view 工具也可用于在浏览器中将统计信息呈现为摘要视图。

可以在代码中启用 ONNX 运行时延迟分析：

```
import onnxruntime as rt
sess_options=rt.SessionOptions()
sess_options.enable_profiling=True
```

如果使用的是 onnxruntime_perf_test.exe 工具，则可以添加-p[profile_file]以启用性能分析。

在这两种情况下，都会得到一个 JSON 文件，其中包含详细的性能数据（线程、每个运算符的延迟等）。此文件是一个标准的性能跟踪文件，可以使用多种工具打开它：

① Windows 使用 WPA GUI 的 Perfetto OSS 插件打开跟踪-微软性能工具。

② Linux Android 使用 Perfetto UI-Chrome。

③ 使用 chrome：//tracing：

a. 打开基于 Chromium 的浏览器，如 Edge 或 Chrome。

b. 在地址栏中输入 chrome：//tracing。

c. 加载生成的 JSON 文件。

4.8.2 支持程序分析

从 ONNX 1.17 开始，如果 EP 在其 SDK 中支持分析，则将该支持添加到配置文件或神经处理单元中。下面分析高通 QNN EP。

如 QNN EP 文档分析中所述，其支持如下项目。

（1）跨平台 CSV 跟踪

Qualcomm AI Engine Direct SDK（QNN SDK）支持性能分析。如果开发人员直接在 ONNX 外部使用 QNN SDK，QNN 将以文本格式输出到 CSV。为了实现等效功能，ONNX 模拟了这种支持，并输出相同的 CSV 格式。

如果提供了 profile _ level，则 ONNX 会将日志附加到当前工作的 qnn-profile-data.csv 文件中。

（2）跟踪日志 ETW（Windows）分析

如日志记录所述，ONNX 支持动态启用跟踪 ETW 提供程序。如果启用了跟踪日志提供程序并提供了 profile_level，则 CSV 支持将自动禁用。具体如下设置：

① 支持工具：Microsoft. ML. ONNXRuntime。

② 支持工具 GUID：3a26b1ff-7484-7484-7484-15261f42614d。

③ 级别：

a. 5（VERBOSE）＝轮廓级别＝基本（细节良好，无性能损失）。

b. 大于 5＝分析级别＝详细（单个操作记录有推理性能命中）。

（3）活动

使用 QNNProfileEvent 进行分析。

4.8.3　GPU 性能分析

要分析 CUDA 内核，可将 cupti 库添加到 PATH 中，并使用从源代码构建的 onnxruntime 二进制文件，命令为"--enable_CUDA_profiling"。要分析 ROCm 内核，可将 roctracer 库添加到 PATH 中，并使用从源代码构建的 onnxruntime 二进制文件，命令为"--enable_ROCm_profiling"。

设备的性能编号将附加到主机的性能编号上，例如：

```
{"cat":"Node","name":"Add_1234","dur":17,...}
{"cat":"Kernel","name":"ort_add_cuda_kernel",dur:33,...}
```

Add 运算符在名为 ort_add_cuda_kernel 的设备上启动了一个 CUDA 内核，持续了 33μs。如果一个运算符在执行过程中调用了多个内核，那么这些内核的性能数字都将按照调用顺序列出：

```
{"cat":"Node","name":<节点名称>,...}
{"cat":"Kernel","name":<首先调用的内核的名称>,...}
{"cat":"Kernel","name":<下一个调用的内核的名称>,...}
```

4.8.4　记录和跟踪

（1）开发日志

ONNX Runtime 内置了跨平台的日志功能 LOGS（）。此日志功能可方便开发人员配置生产构建。

使用具有更高日志严重性级别的默认接收器输出（stdout）可能会带来性能损失。log_severity_level 文件用于处理日志严重级别，其中代码如下：

```
sess_opt=SessionOptions()
sess_opt.log_severity_level=0//冗余
sess=ort.InferenceSession('model.onnx',sess_opt)
```

注意：log_verbosity_level 是一个单独的设置，仅在 DEBUG 自定义构建中可用。

（2）追踪信息

追踪信息指一组超级日志记录，具有如下性质：

① 包括前面提到的日志记录。
② 可添加比 printf 风格日志记录更结构化的跟踪事件。
③ 可以与操作系统的跟踪生态系统集成：

a. 可以组合使用 ONNX、操作系统和使用 ONNX 的用户模式软件，从多个方面进行跟踪。
b. 时间戳具有高分辨率，确保与其他被跟踪的组件一致性。
c. 可以高性能记录大量事件。
d. 事件不通过 stdout 记录，而是通过高性能内存接收器记录。
e. 可以在运行时动态启用，以调查包括生产系统在内的问题。

目前，ONNX 只支持与 Windows ETW 结合的 Tracelogging，但 Tracelogging 是跨平台的，可以添加对其他操作系统的支持。

4.9 线程管理

4.9.1 主要内容介绍

默认 CPU 执行支持程序时可使用默认设置值以获得快速的推理性能。可以使用以下程序控制线程数和其他设置。

```
import onnxruntime as rt
sess_options=rt.SessionOptions()
sess_options.intra_op_num_threads=0
sess_options.execution_mode=rt.ExecutionMode.ORT_SEQUENTIAL
sess_options.graph_optimization_level=rt.GraphOptimizationLevel.ORT_ENABLE_ALL
sess_options.add_session_config_entry("session.intra_op.allow_spinning","1")
```

具体功能解释如下：

(1) intra 线程统计

① 控制用于运行模型的 intra 线程总数。

② 默认值：线程数未指定或 0。sess_options.intra_op_num_threads＝0。内部线程总数等于物理 CPU 核数。例如，6 核机器（带 12 个 HT 逻辑处理器）则总共有 6 个内部线程。

(2) 顺序执行与并行执行

① 控制图中的多个运算符（跨节点）是顺序运行还是并行运行。

② 默认值：sess_options.execution_mode＝rt.ExecutionMode.ORT_SEQUENTIAL。

③ 通常，当模型有许多分支时，将此选项设置为 ORT_PARALLEL 可提供更好的性能。这也可能会降低一些分支数较少的模型的性能。

④ 当 sess_options.execution_mode＝rt.ExecutionMode.ORT_PARALLEL 时，可以设置 sess_options.inter_op_num_threads 来控制用于并行执行图（跨节点）的线程数量。

(3) 图优化级别

① 默认值：sess_options.graph_optimization_level＝rt.GraphOptimizationLevel.ORT_ENABLE_ALL 启用所有优化。

② 有关所有优化级别的完整列表，可参阅 onnxruntime_c_api.h（枚举 GraphOptimizationLevel）。

(4) 线程池旋转行为

① 控制线程池是否旋转。可提供更快的推理速度，但会消耗更多的 CPU 资源。

② 默认值：1（启用）。

4.9.2　设置操作内线程数

Onnxruntime 会话利用多线程在每个运算符内并行计算。

默认情况下，如果 intra_op_num_threads＝0 或未设置，则每个会话将从第一个核心上的主线程开始（未关联）。然后，为每个额外的物理核心创建额外的线程，并将其关联到该核心（1 或 2 个逻辑处理器）。

客户可以手动配置线程总数，例如：

```
sess_opt=SessionOptions()
sess_opt.intra_op_num_threads=3
sess=ort.InferenceSession('model.onnx',sess_opt)
```

上述配置将在额外的 INTRA 池中创建两个额外的线程，因此除了主调用线程外，总共有三个线程参与计算。然而，如果客户明确地设置了如上所示的线程数量，则不会对任何创建的线程设置亲和性。

此外，Onnxruntime 还允许客户创建全局操作内线程池，以防止会话线程池之间的过度争用。

4.9.3 线程旋转规则

线程旋转规则控制额外的 INTRA 或 INTER 线程是否旋转。可提供更快的推理速度，但会消耗更多的 CPU 资源。

如下示例禁用旋转，这样 WorkerLoop 就不会消耗额外的资源。

```
sess_opt=SessionOptions()
sess_opt.AddConfigEntry(kOrtSessionOptionsConfigAllowIntraOpSpinning,"0")
sess_opt.AddConfigEntry(kOrtSessionOptionsConfigAllowInterOpSpinning,"0")
```

4.9.4 设置互操作线程数

互操作线程池用于处理运算符之间的并行运算，只有在会话执行模式设置为并行时才会创建。默认情况下，互操作线程池中每个物理核心有一个线程。以下代码用于设置互操作线程数：

```
sess_opt=SessionOptions()
sess_opt.execution_mode=ExecutionMode.ORT_PARALLEL
sess_opt.inter_op_num_threads=3
sess=ort.InferenceSession('model.onnx',sess_opt)
```

4.9.5 设置操作内线程关联

出于节约性能和功耗的原因，通常不要设置线程相关性，而是让操作系统处理线程分配。然而，在某些情况下，设置操作内线程相关性可能是有益的，例如：

① 有多个会话并行运行，客户可能更喜欢他们的操作内线程池在单独的内核上运行，以避免争用。

② 客户希望将操作内线程池限制为仅在一个 NUMA 节点上运行，以减少节点之间代价高昂的交互开销。

对于会话内线程池，可阅读配置并按照以下方式使用：

```
sess_opt=SessionOptions()
sess_opt.intra_op_num_threads=3
sess_opt.add_session_config_entry('session.intra_op_thread_affinities','1;2')
sess=ort.InferenceSession('model.onnx',sess_opt,...)
```

对于全局线程池，可阅读 API 的学习用法。

4.9.6　Numa 支持和性能调优

ONNX 1.14 版本以上的 Onnxruntime 线程池可以利用 NUMA 节点上可用的所有物理内核。操作内线程池将在每个物理核心（第一个核心除外）上创建一个额外的线程。例如，假设有一个由 2 个 NUMA 节点组成的系统，每个节点有 24 个核心，则内部操作线程池将创建 47 个线程，并为每个核心设置线程相关性。

对于 NUMA 系统，建议测试一些线程设置以探索其最佳性能，因为在 NUMA 节点之间分配的线程在相互协作时可能会有更高的缓存未命中开销。例如，当操作内线程的数量必须为 8 时，有不同的方法来设置相关性：

```
sess_opt=SessionOptions()
sess_opt.intra_op_num_threads=8
sess_opt.add_session_config_entry('session.intra_op_thread_affinities','3,4;
    5,6;7,8;9,10;11,12;13,14;15,16')
# 设置所有 7 个线程与第一个 NUMA 节点中的核心的相互关系
sess_opt.add_session_config_entry('session.intra_op_thread_affinities','3,4;
    5,6;7,8;9,10;49,50;51,52;53,54')
# 将前 4 个线程与第一个 NUMA 节点关联
# 将其他线程第二个 NUMA 关联
sess=ort.InferenceSession('resnet50.onnx',sess_opt,...)
```

测试表明，与其他情况相比，关联单个 NUMA 节点可以提高近 20% 的性能。

4.10　自定义线程回调与应用

4.10.1　自定义线程回调

有时，用户可能更喜欢使用自己的微调线程进行多线程处理。ORT 在 C++ API 中提供线程创建和连接回调：

```
std::vector<std::thread>threads;
void* custom_thread_creation_options=nullptr;
//初始化 custom_thread_creation_options
//在创建线程池时，ORT 调用 CreateThreadCustomized 来创建线程
OrtCustomThreadHandle CreateThreadCustomized(void* custom_thread_creation_
options,OrtThreadWorkerFn work_loop,void* param){
    threads.push_back(std::thread(work_loop,param));
    //通过 custom_threadcreation_options 配置线程
    return reinterpret_cast<OrtCustomThreadHandle>(threads.back().native_
handle());
```

```cpp
    }
    //在线程池销毁时,ORT 为每个创建的线程调用 JoinThreadCustomized
    void JoinThreadCustomized(OrtCustomThreadHandle handle){
        for(auto& t :threads){
         if(reinterpret_cast<OrtCustomThreadHandle>(t.native_handle())==handle){
            //回收资源...
            t.join();
         }
        }
    }

    int main(...){
        ...
        Ort::Env ort_env;
        Ort::SessionOptions session_options;
        session_options.SetCustomCreateThreadFn(CreateThreadCustomized);
        session_options.SetCustomThreadCreationOptions(&custom_thread_creation_options);
        session_options.SetCustomJoinThreadFn(JoinThreadCustomized);
        Ort::Session session(*ort_env,MODEL_URI,session_options);
        ...
    }
```

对于全局线程池:

```cpp
    int main(){
        const OrtApi * g_ort=OrtGetApiBase()->GetApi(ORT_API_VERSION);
        OrtThreadingOptions * tp_options=nullptr;
        g_ort->CreateThreadingOptions(&tp_options);
        g_ort->SetGlobalCustomCreateThreadFn(tp_options,CreateThreadCustomized);
        g_ort->SetGlobalCustomThreadCreationOptions(tp_options,&custom_thread_creation_options);
        g_ort->SetGlobalCustomJoinThreadFn(tp_options,JoinThreadCustomized);
        //禁用每个会话线程池,创建用于推理的会话
        g_ort->ReleaseThreadingOptions(tp_options);
    }
```

一旦设置了 CreateThreadCustomized 和 JoinThreadCustomized,它们将统一应用于 ORT 操作内和操作间线程池。

4.10.2　在自定义操作中的 I/O 绑定

ONNX 1.17 版本以上,自定义操作开发人员有权使用 ORT 内部操作线程池并行化

他们的 CPU 代码。

当使用非 CPU 执行提供程序时，在调用 Run() 之前将输入和（或）输出排列在目标设备上（由所使用的执行提供程序抽象）是效率较高的处理方法。当输入未被复制到目标设备时，ORT 会将其作为 Run() 调用的一部分从 CPU 复制。同样，如果输出未在设备上预先分配，ORT 会假设输出是在 CPU 上请求的，并将其作为 Run() 调用的最后一步从设备复制。这会占用图的执行时间，当大部分时间都花在这些副本上时，会误导用户认为 ORT 很慢。

为了解决这个问题，引入了 IOBinding 的概念。关键思想是在调用 Run() 之前，安排将输入复制到设备，并在设备上预先分配输出。IOBinding 在所有的语言绑定中都可用。

以下是各种语言的代码片段，演示了此功能的使用。

```cpp
//C++
  Ort::Env env;
  Ort::Session session(env,model_path,session_options);
  Ort::IoBinding io_binding{session};
  auto input_tensor = Ort::Value::CreateTensor<float>(memory_info,input_tensor_values.data(),input_tensor_size,input_node_dims.data(),4);
  io_binding.BindInput("input1",input_tensor);
  Ort::MemoryInfo output_mem_info{"Cuda",OrtDeviceAllocator,0,
                                  OrtMemTypeDefault};
  //当形状事先未知时,使用此功能将输出绑定到设备。如果已知形状,则可
  //以使用此函数的另一个重载,该重载将 Ort::Value 作为输入
  //(const char * name,const Value& value))
  //在内部调用 BindOutputToDevice C API
  io_binding.BindOutput("output1",output_mem_info);
  session.Run(run_options,io_binding);
```

在上述代码示例中，输出张量在绑定之前没有分配，而是将 Ort::MemoryInfo 绑定为输出。这是一种让会话根据所需形状分配张量的有效方法。特别是对于依赖数据的形状或动态形状，这可能是获得正确分配的较好的解决方案。然而，如果输出形状已知并且输出张量应该重用，那么将 Ort::Value 绑定到输出也是有益的。这可以使用会话分配器或外部存储进行分配。

以下代码将 Ort::Value 绑定到输出：

```cpp
Ort::Allocator gpu_allocator(session,output_mem_info);
auto output_value=Ort::Value::CreateTensor(
    gpu_allocator,output_shape.data(),output_shape.size(),
    ONNX_TENSOR_ELEMENT_DATA_TYPE_FLOAT16);
io_binding.BindOutput("output1",output_mem_info);
```

4.11 量化 ONNX 模型

4.11.1 量化概述

ONNX 运行时的量化是指 ONNX 模型的 8 位线性量化。在量化过程中,浮点值被映射到以下形式的 8 位量化空间:

```
val_fp32=scale*(val_quantized-zero_point)
```

其中,scale 是一个正实数,用于将浮点数映射到量化空间。计算如下:
① 对于非对称量化:

```
scale =(data_range_max-data_range_min)/(quantization_range_max-quantization_
    range_min)
```

② 对于对称量化:

```
scale =max(abs(data_range_max),abs(data_range_min)) * 2/(quantization_range_
    max-quantization_range_min)
```

zero_point 表示量化空间中的零。重要的是浮点零值在量化空间中能够精确表示。
这是因为许多 CNN 中使用了零填充。如果量化后无法唯一表示 0,则会导致精度误差。

4.11.2 ONNX 量化表示格式

有两种方法可以表示量化的 ONNX 模型:
① 以操作符为导向(QOperator)。所有量化运算符都有自己的 ONNX 定义,如 QLinearConv、MatMulInteger 等。
② 面向张量(QDQ,量化和去量化)。此格式在原始运算符之间插入 DeQuantizeLinear(QuantizeLinears 张量)以模拟量化和解量化过程。在静态量化中,QuantizeLinear 和 DeQuantizeLinears 算子也携带量化参数。在动态量化中,插入 ComputeQuantizationParameters 函数原型以动态计算量化参数。
以下方式生成的模型采用 QDQ 格式:
① 用 quantize_static 量化的模型,如 quant_format=QuantFormat.QDQ。
② 从 TensorFlow 转换或从 PyTorch 导出的量化感知训练(Quantization-Aware training,QAT)模型。
③ 从 TFLite 和其他框架转换而来的量化模型。
对于后两种情况,不需要使用量化工具对模型进行量化。ONNX Runtime 可以直接

将它们作为量化模型运行。

图 4-2 为量化卷积的 QOperator 和 QDQ 格式的等效表示。这个端到端的示例演示了这两种格式。

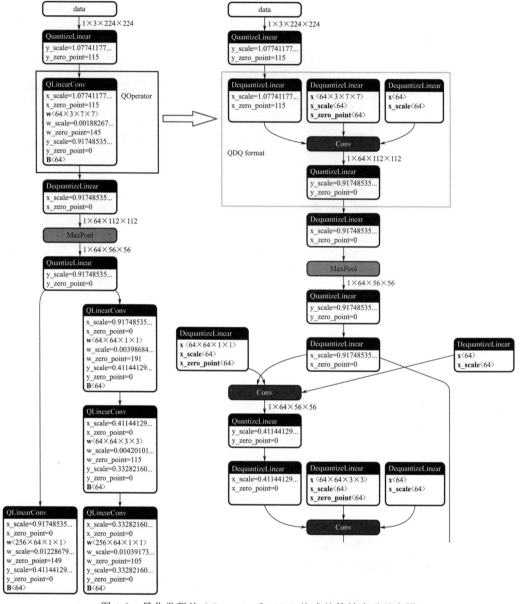

图 4-2 量化卷积的 QOperator 和 QDQ 格式的等效表示示意图

4.11.3 量化 ONNX 模型

ONNXRuntime 提供 Python API，用于将 32 位浮点模型转换为 8 位整数模型，即量化。这些 API 包括预处理、动态/静态量化和量化调试四部分。

(1) 预处理

预处理是转换 float32 模型，为量化做准备。它由以下三个可选步骤组成：

① 符号形状推理。这最适合 Transformer 模型。

② 模型优化。此步骤使用 ONNX Runtime 本地库重写计算图，通过合并计算节点、消除冗余以提高运行时效率。

③ ONNX 形状推理。

这些步骤的目标是提高量化质量。当张量的形状已知时，量化工具效果最佳。符号形状推理和 ONNX 形状推理都有助于找出张量形状。符号形状推理在基于 Transformer 的模型中效果最佳，ONNX 形状推理在其他模型中效果最好。

模型优化可使某些运算符融合，使量化工具的工作更容易。例如，在优化过程中，卷积算子和 BatchNormalization 可以融合为一个算子，从而实现高效量化。

不幸的是，ONNX 运行时的一个已知问题是模型优化无法处理大于 2GB 的模型。因此，对于大型模型，必须跳过优化。

预处理 API 位于 Python 模块 onnxruntime.quantification.shape_inference 的函数 quant_Pre_process() 中。要了解预处理可用的其他选项和更精细的控件，可运行以下命令：

```
python -m onnxruntime.quantization.preprocess --help
```

模型优化也可以在量化期间执行。但是不建议这样做。量化过程中的模型优化会给调试量化带来精度损失，这将在后面的章节中讨论。因此，最好在预处理期间而不是量化期间进行模型优化。

(2) 动态量化

动态量化动态计算激活的量化参数（比例和零点）。这些计算增加了推理的成本，但通常比静态计算具有更高的精度。

用于动态量化的 Python API 为 onnxruntime.quantization.quantize 模块中的函数 quantize_dynamic()。

(3) 静态量化

静态量化方法首先使用一组称为校准数据的输入来运行模型。在运行过程中计算每个激活的量化参数。这些量化参数作为常数写入量化模型，并用于所有输入。静态化工具支持三种校准方法：最小最大值、熵和百分位数。

用于静态量化的 Python API 为 onnxruntime.quantization.quantize 模块中的函数 quantize_static()。

(4) 量化调试

量化不是无损失的转换。量化可能会对模型的准确性产生负面影响。解决这个问题的方法是将原始计算图的权重和激活张量与量化计算图进行比较，找出它们差异最大的地方，并避免量化这些张量，或者选择另一种量化/校准方法。这被称为量化调试。为了促进这一过程，提供了 Python API 用于匹配 float32 模型与其量化对应模型之间的权重和激活张量。

用于调试的 API 位于 onnxruntime.quantization.qdq_loss_debug 模块中，该模块具有以下功能：

① 函数 create_weight_matching()。采用 float32 模型及其量化模型，并输出一个与这两个模型之间的相应权重相匹配的字典。

② 函数 modify_model_output_intermedia_tensors()。输入一个 float32 或量化模型，并对其进行增强以保存其所有激活张量。

③ 函数 collect_activations()。它需要输入一个由 modify_model_output_intermedia_tensors() 增强的模型，以及一个输入数据读取器，运行增强模型以收集所有激活张量。

④ 函数 create_activation_matching()。在 float32 及其量化模型上运行 collect_activations(modify_model_output_intermedia_tensors())，以收集两组激活张量。此函数接收这两组激活张量，并匹配相应的激活张量，以便用户可以轻松比较。

总之，ONNX 运行库提供了 Python API，用于在 float32 模型与其量化对应模型之间匹配相应的权重和激活张量，并允许用户轻松比较它们，以确定最大的差异在哪里。

量化过程中的模型优化给这个调试过程带来了困难，因为它可能会显著改变计算图，导致量化模型与原始模型截然不同，从而很难匹配两个模型中的相应张量。因此，建议在预处理过程中而不是量化过程中进行模型优化。

4.11.4 量化示例

① 动态量化：

```
import onnx
from onnxruntime.quantization import quantize_dynamic,QuantType
model_fp32='path/to/the/model.onnx'
model_quant='path/to/the/model.quant.onnx'
quantized_model=quantize_dynamic(model_fp32,model_quant)
```

② 静态量化：可参考端到端示例。

4.11.5 方法选择

动态和静态量化之间的主要区别在于如何计算激活张量的规模和零点。对于静态量化，它们是使用校准数据集预先（离线）计算的。因此，在每次正向过程中，激活张量具有相同的规模和零点。对于动态量化，它们是动态计算的（在线），并且是针对每次正向过程的。因此，动态量化更准确，但会引入额外的计算开销。

一般来说，建议对 RNN 和基于 Transformer 的模型使用动态量化，对 CNN 模型使用静态量化。

如果两种训练后量化方法都不能达到精度目标，可以尝试使用量化感知训练（QAT）来重新训练模型。ONNX Runtime 目前不提供再训练，但可以使用原始框架对模型进行再训练，并将其转换回 ONNX。

(1) 数据类型选择

量化值为 8 位宽，可以是有符号（int8）数或无符号（uint8）数。可以分别选择激活张量和权重的符号性，因此数据格式可以是（激活：uint8，权重：uint8）、（激活：quint8，权值：int8）等。使用 U8U8 作为（activations：uint8，weights：uint8）的简写，U8S8 作为（activations：uint8，weights：int8）的简写，类似地，S8U8 和 S8S8 用于表示其余两种格式。

CPU 上的 ONNX 运行时量化可以运行 U8U8、U8S8 和 S8S8。带 QDQ 的 S8S8 是默认设置，可平衡性能和精度。只有在精度下降很多的情况下，才能尝试 U8U8。带有 QOperator 的 S8S8 在 x86-64 CPU 上运行速度较慢，通常应避免使用。GPU 上的 ONNX 运行时量化仅支持 S8S8。

（2）何时以及为什么需要尝试 U8U8？

在具有 AVX2 和 AVX512 扩展的 x86-64 计算机上，ONNX Runtime 使用 U8S8 的 VPMADDUBSW 指令来提高性能。此指令可能会遇到饱和问题：可能会出现输出不适合 16 位整数的情况，必须进行箝位（饱和）才能适合。这对最终结果来说一般不是一个大问题。但是，如果确实遇到了较大的精度下降，则可能是由饱和引起的。在这种情况下，可以尝试 reduce_range 或没有饱和问题的 U8U8 格式。

其他 CPU 架构（x64，带 VNNI 和 ARM）上没有这样的问题。

（3）量化和模型 opset 版本

模型必须是 opset 10 或更高才能量化。opset 版本小于 10 的模型必须使用后续的 opset，再从原始框架重新转换为 ONNX。

（4）基于 Transformer 的模型

基于 Transformer 的模型有特定的优化，例如用于量化注意力层的 QAttention。为了利用这些优化，需要在量化模型之前使用 Transformer Model Optimization Tool 优化模型。

（5）GPU 上的量化

GPU 量化需要硬件支持才能实现较好的量化性能。需要一个支持 Tensor Core int8 计算的设备，比如 T4 或 A100。较旧的硬件将无法从量化中受益。

ONNX Runtime 可以利用 TensorRT 执行提供程序在 GPU 上进行量化。与 CPU 执行提供程序不同，TensorRT 采用全精度模型和输入的校准结果。它决定了如何用自己的逻辑进行量化。利用 TensorRT EP 量化的总体过程是：

① 实施校准数据读取器。

② 使用校准数据集计算量化参数。注意：为了更好地校准模型中的所有张量，可先运行 symbolic_shape_infer.py。

③ 将量化参数保存到 flatbuffer 文件中。

④ 加载模型和量化参数文件，并使用 TensorRT EP 运行。

提供了两个端到端的示例：Yolo V3 和 resnet50。

4.11.6 量化为 Int4/UInt4

ONNX Runtime 可以将模型中的某些运算符量化为 4 位整数类型，即只对运算符应用块权重量化。支持的操作类型包括：

（1）MatMul

① 只有当输入 B 恒定时，节点才被量化。

② 支持 QOperator 或 QDQ 格式。

③ 如果选择 QOperator，则节点将转换为 MatMulNBits 节点。权重 B 被逐块量化并保存在新节点中。支持 HQQ、GPTQ 和 RTN（默认）算法。

④ 如果选择 QDQ，则 MatMul 节点将被 DequantizeLinear->MatMul 对替换。权重 B 被逐块量化，并作为初始化器保存在 DequantizeLinear 节点中。

（2）Gather

① 只有当输入数据恒定时，节点才会被量化。

② 支持 QOperator。

③ Gather 被量化为 GatherBlockQuantized 节点。输入数据被逐块量化并保存在新节点中。仅支持 RTN 算法。

由于 Int4/UInt4 类型是在 ONNX opset 21 中引入的，如果模型的 ONNX 域版本低于 21，则强制升级为 opset 21，从而确保模型中的运算符与 ONNX opset 21 兼容。

要运行具有 GatherBlockQuantized 节点的模型，需要安装 ONNX Runtime 1.20。代码示例：

```
from onnxruntime.quantization import(
    matmul_4bits_quantizer,
    quant_utils,
    quantize
)
from pathlib import Path
model_fp32_path="path/to/orignal/model.onnx"
model_int4_path="path/to/save/quantized/model.onnx"
quant_config=matmul_4bits_quantizer.DefaultWeightOnlyQuantConfig(
  block_size=128,# 2 的指数和>=16
  is_symmetric=True,# 如果为真,则量化为 Int4。否则,量化到 uint4
  accuracy_level=4,# 由 MatMulNbits 使用
  quant_format=quant_utils.QuantFormat.QOperator,
  op_types_to_quantize=("MatMul","Gather"),# 指定要量化的运算类型
  quant_axes=(("MatMul",0),("Gather",1),),# 指定操作类型要量化的轴
model=quant_utils.load_model_with_shape_infer(Path(model_fp32_path))
quant=matmul_4bits_quantizer.MatMul4BitsQuantizer(
  model,
  nodes_to_exclude=None,# 指定要从量化中排除的节点列表
  nodes_to_include=None,# 指定量化中强制包含的节点列表
  algo_config=quant_config,)
quant.process()
quant.model.save_model_to_file(
  model_int4_path,
  True)# 将数据保存到外部文件
```

有关 AWQ 和 GTPQ 量化的使用，可参阅 Gen AI 模型构建器。

4.12 创建 float16 和混合精度模型

将模型转换为使用 float16 而不是 float32，可以减小模型大小（最多减半），并提高某些 GPU 的性能。这种转换可能会有一些精度损失，但在许多模型中，新的精度是可以接受的。float16 转换不需要调整数据，效果优于量化。

4.12.1 float16 转换解析

(1) float16 转换

按照以下步骤将模型转换为 float16：

① 安装 ONNX 和 onnxconverter_common。

② 使用 Python 中的 convert_float_to_float16 函数：

```
import onnx
from onnxconverter_common import float16
model=onnx.load("path/to/model.onnx")
model_fp16=float16.convert_float_to_float16(model)
onnx.save(model_fp16,"path/to/model_fp16.onnx")
```

(2) float16 工具参数

如果转换后的模型不起作用或精度差，则可能需要设置其他参数。转换函数原型如下：

```
convert_float_to_float16(model,min_positive_val=1e-7,max_finite_val=1e4,
keep_io_types=False,disable_shape_infer=False,op_block_list=None,node_block_
list=None)
```

参数说明：

① model：要转换的 ONNX 模型。

② min_positive_val，max_finite_val：常量值将被限制在这些边界内，0.0、NaN、Inf 和 −Inf 将保持不变。

③ keep_io_types：设置模型输入/输出是否应保留为 float32。

④ disable_shape_infer：跳过运行 ONNX 形状/类型推理。如果形状推理崩溃、形状/类型已经存在于模型中，或者不需要类型（类型用于确定不受支持/被阻止的操作需要在哪里进行强制操作），该项设置则很有用。

⑤ op_block_list：保留为 float32 的操作类型列表。默认情况下，使用 float16.default_OP_BLOCK_list 中的列表。此列表包含 ONNX 运行时中 float16 不支持的操作。

⑥ node_block_list：保留为 float32 的节点名称列表。

注意：如果两个被阻止的操作彼此相邻，则强制转换仍将被插入，从而创建一个冗余对。ORT 将在运行时优化该冗余对，因此结果将保持完全精确。

4.12.2 混合精度

如果 float16 转换结果不佳，可以将大部分操作转换为 float16，将部分操作留在 float32 中。auto_mixed_precision.auto_convert_mixed_decision 工具在保持一定精度的同时，可找到要跳过的最小操作集。

由于 ONNX Runtime 的 CPU 版本不支持 float16 操作，并且该工具需要测量精度损失，因此混合精度工具必须在具有 GPU 的设备上运行。代码如下：

```
from onnxconverter_common import auto_mixed_precision
import onnx
model=onnx.load("path/to/model.onnx")
# 假设 x 是模型的输入
feed_dict={'input':x.numpy()}
model_fp16=auto_convert_mixed_precision(model,feed_dict,rtol=0.01,atol=
    0.001,keep_io_types=True)
onnx.save(model_fp16,"path/to/model_fp16.onnx")
```

混合精度工具原型：

```
auto_convert_mixed_precision(model,feed_dict,validate_fn=None,rtol=None,
    atol=None,keep_io_types=False)
```

参数说明：

① model：要转换的 ONNX 模型。

② feed_dict：用于在转换过程中测量模型准确性的测试数据。格式类似于 Inference Session.run（输入名称到值的映射）。

③ validate_fn：一个接收两个 Numpy 数组列表的函数（分别是 float32 模型和混合精度模型的输出），如果结果足够接近，则返回 True，否则返回 False。可以代替 rtol 和 atol 或作为其补充使用。

④ rtol、atol：用于验证的绝对和相对公差。

⑤ keep_io_types：模型输入/输出是否应保留为 float32。

混合精度工具通过将操作簇转换为 float16 来工作。如果一个集群失败，它会被一分为二，两个集群再独立尝试转换。当该工具工作时，可实现集群大小的可视化。

第5章
ONNX模型性能与应用

5.1 ONNX 运行时图形优化

5.1.1 ONNX 运行时图形优化概述

ONNX Runtime 提供各种图形优化方式以提高性能。图形优化本质上是图级转换，包括从小图简化和节点消除到更复杂的节点融合和布局优化等内容。

图形优化根据其复杂性和功能可分为几个类别（或级别）。它们可以在线或离线执行。在在线模式下，优化在执行推理之前完成；而在离线模式下，运行时将优化后的图保存到磁盘。ONNX Runtime 提供 Python、C♯、C++ 和 C API，以启用不同的优化级别，并可在离线与在线模式之间进行选择。

(1) 图形优化级别

图优化分为三个级别：

① 基本优化。

② 扩展优化。

③ 布局优化。

应用高级别的优化时会默认先执行低级别的优化（例如，先应用基本优化再应用扩展优化）。

默认情况下启用所有优化。

(2) 基本优化

基本优化可以删除冗余节点和冗余计算。该优化在图分区之前运行，因此适用于所有支持程序。可用的基本优化如下：

① 常量折叠：静态计算仅依赖常量初始化器的图部分。运行时不再需要计算它们。

② 冗余节点消除：在不改变图结构的情况下删除所有冗余节点。目前支持以下优化：

a. 身份消除。

b. 切片消除。

c. 取消排队。

d. 消除过拟合。

③ 保持语义的节点融合：将多个节点融合、折叠成一个节点。例如，Conv-Add 融合将 Add 算子折叠为 Conv 算子的偏置。目前支持以下优化：

a. Conv 添加融合。

b. 卷积多融合。

c. Conv BatchNorm 融合。

d. Relu 剪辑融合。

e. 重塑融合。

(3) 扩展优化

这些优化包括复杂的节点融合。它们在图分区后运行，仅应用于分配给 CPU、CUDA 或 ROCm 执行提供程序的节点。可用的扩展图优化见表 5-1。

表 5-1 可用的扩展图优化说明

优化	执行提供者	说明
GEMM 激活融合	CPU	
Matmul 添加融合	CPU	
Conv 激活融合	CPU	
GELU Fusion	CPU CUDA ROCm	
图层归一化融合	CPU CUDA ROCm	
BERT 嵌入层融合	CPU CUDA ROCm	融合 BERT 嵌入层、层归一化和注意掩码长度
注意力融合	CPU CUDA ROCm	
跳过层归一化融合	CPU CUDA ROCm	全连接层的融合偏置、跳跃连接和层归一化
偏置 GELU 融合	CPU CUDA ROCm	全连接层的融合偏置和 GELU 激活
GELU 近似值	CUDA ROCm	默认情况下禁用，使用 kOrtSessionOptionsEnableGluapproximation 启用

(4) 布局优化

这类优化改变了适用节点的数据布局，可以实现更好的性能优化效果。它们在图分区后运行，仅应用于分配给 CPU 执行提供程序的节点。可用的布局优化是 NCHWc 优化器，通过使用 NCHWc 布局而不是 NCHW 布局来优化图形。

(5) 在线/离线模式

所有优化都可以在线或离线执行。在线模式下，初始化推理会话时，还会在执行模型推理之前，应用所有启用的图优化。每次启动会话时应用所有优化，会增加模型启动时间（特别是对于复杂的模型），这在生产场景中可能至关重要。在离线模式下执行图形优化后，ONNX Runtime 将生成的模型序列化到磁盘。随后，可以通过使用已经优化的模型并禁用所有优化来减少启动时间。

说明：

① 在离线模式下运行时，确保使用与运行模型推理的目标机器完全相同的选项（例如，执行提供程序、优化级别）和硬件（例如，不能在仅配备 CPU 的机器上运行为 GPU 执行提供程序预优化的模型）。

② 启用布局优化后，脱机模式只能在保存脱机模型时，在与环境兼容的硬件上使用。例如，模型的布局针对 AVX2 进行了优化，那么离线模型需要支持 AVX2 的 CPU。

5.1.2 ONNX 运行时图形优化使用方法

(1) ONNX 运行时图形优化水平

ONNX Runtime 定义了 GraphOptimizationLevel 枚举，以确定将启用哪些优化级别。这些级别到枚举的映射如下：

① GraphOptimizationLevel::ORT_DISABLE_ALL->禁用所有优化。

② GraphOptimizationLevel::ORT_ENABLE_BASIC->启用基本优化。

③ GraphOptimizationLevel::ORT_ENABLE_EXTENDED->启用基本和扩展优化。

④ GraphOptimizationLevel::ORT_ENABLE_ALL->启用所有可用的优化，包括布局优化。

(2) ONNX 运行时图形优化离线模式

要启用优化模型到磁盘的序列化，可设置 SessionOptions 选项 optimized_model_filepath。

① Python API 示例如下：

```python
import onnxruntime as rt
sess_options=rt.SessionOptions()
# 设置图形优化级别
sess_options.graph_optimization_level=rt.GraphOptimizationLevel.ORT_ENABLE_EXTENDED
# 要在图形优化后启用模型序列化,可设置以下内容
sess_options.optimized_model_filepath = "<model_output_path\optimized_model.onnx>"
session=rt.InferenceSession("<model_path>",sess_options)
```

② C API 示例如下：

```c
const OrtApi * Ort::g_api=OrtGetApi(ORT_API_VERSION);
OrtEnv * env;
g_ort->CreateEnv(ORT_LOGGING_LEVEL_WARNING,"test",&env);
OrtSessionOptions * session_options;
```

```
    g_ort->CreateSessionOptions(&session_options)
    //设置图形优化级别
    g_ort->SetSessionGraphOptimizationLevel(session_options,ORT_ENABLE_EXTEND-
        ED);
    //要在图形优化后启用模型序列化,可设置以下内容
const ORTCHAR_T * optimized_model_path=ORT_TSTR("optimized_model_path");
    g_ort->SetOptimizedModelFilePath(session_options,optimized_model_path);
    OrtSession * session;
    const ORTCHAR_T * model_path=ORT_TSTR("model_path");
    g_ort->CreateSession(env,model_path,session_option,&session);
```

③ C#API示例如下：

```
SessionOptions so=new SessionOptions();
//设置图形优化级别
so.GraphOptimizationLevel=GraphOptimizationLevel.ORT_ENABLE_EXTENDED;
//要在图形优化后启用模型序列化,可设置以下内容
so.OptimizedModelFilePath="model_output_path\optimized_model.onnx"
var session=new InferenceSession(modelPath,so);
```

④ C++API示例如下：

```
Ort::SessionOptions session_options;
//设置图形优化级别
session_options.SetGraphOptimizationLevel(GraphOptimizationLevel::ORT_ENABLE
    _EXTENDED);
//要在图形优化后启用模型序列化,可设置以下内容
session_options.SetOptimizedModelFilePath("optimized_file_path");
auto session_=Ort::Session(env,"model_file_path",session_options);
```

5.2 ORT 模型格式

5.2.1 ORT 模型格式是什么？

ORT 模型格式是缩减大小的 ONNX 运行时构建支持的格式。缩减大小的构建可能更适合在移动设备和 web 应用程序等大小受限的环境中使用。

完整的 ONNX 运行时版本支持 ORT 格式模型和 ONNX 模型。ORT 模型格式具有向后兼容性。通常，目标是特定版本的 ONNX Runtime 可以在当前（ONNX Runtime 发布时）或旧版本的 ORT 格式下运行模型。尽管试图保持向后兼容性，但 ORT 模型格式也有一些突破性的变化。

ONNX 运行时版本与 ORT 格式版本支持见表 5-2。

表 5-2　ONNX 运行时版本与 ORT 格式版本支持

ONNX 运行时版本	ORT 格式版本支持	说明
1.14+	v5、v4(有限支持)	有限 v4 支持
1.13	v5	v5 突破性更改：删除了内核定义哈希
1.12~1.8	v4	v4 突破性更改：更新了内核 def 哈希计算
1.7	v3、v2、v1	
1.6	v2、v1	
1.5	v1	引入 ORT 格式

5.2.2　将 ONNX 模型转换为 ORT 格式

使用 convert_ONNX_models_to_ORT 脚本将 ONNX 模型转换为 ORT 格式。转换脚本执行两个功能：

① 加载并优化 ONNX 格式模型，并将其保存为 ORT 格式。

② 确定优化模型所需的运算符和可选的数据类型，并将其保存在配置文件中，以便在需要时用于简化运算符构建。

转换脚本可以在单个 ONNX 模型或目录上运行。如果对一个目录运行，将递归搜索该目录，以查找要转换的 ONNX 文件。

每个 ONNX 文件都被加载、优化，并以 ORT 格式保存为扩展名为 .ORT 的文件，其位置与原始 ONNX 文件相同。

(1) 脚本的输出

① 每个 ONNX 模型都有一个 ORT 格式模型。

② 构建配置文件 required_operators.config，其中包含优化 ONNX 模型所需的运算符。

如果启用了类型缩减（ONNX Runtime 1.7 或更高版本），配置文件还将包括每个运算符所需的类型，配置文件名称为 required_operators_and_types.config。

如果使用的是预构建的 ONNX Runtime iOS、Android 或 web 包，则不会使用构建配置文件，可以忽略该文件。

(2) 脚本位置

ONNX Runtime 1.5.2 或更高版本支持 ORT 模型格式。

利用 ONNX Runtime Python 包将 ONNX 格式模型转换为 ORT 格式，使模型被加载到 ONNX Runtime 中，并在转换过程中对模型进行优化。

对于 ONNX Runtime 1.8 及更高版本，转换脚本直接从 ONNX Runtime Python 包运行。对于早期版本，转换脚本从本地 ONNX 运行时存储库运行。

(3) 安装 ONNX 运行时

从 pypi 官网安装 onnxruntime Python 包，以便将模型从 ONNX 格式转换为内部 ORT 格式。需要安装 1.5.3 或更高版本 ONNX Runtime。

① 安装最新版本命令如下：

```
pip install onnxruntime
```

② 安装早期版本。如果从源代码构建 ONNX Runtime（自定义、简化或最小构建），则必须将 Python 包版本与签出的 ONNX Runtime 存储库的分支相匹配。例如，要使用 1.7 版本：

```
git checkout rel-1.7.2
pip installonnxruntime==1.7.2
```

如果在 git 存储库中使用 main 分支，则应使用夜间 ONNX Runtime python 包：

```
pip install-U-i https://test.pypi.org/simple/ort-nightly
```

5.2.3 将 ONNX 模型转换为 ORT 格式脚本用法

(1) 使用具体方法

使用 ONNX 运行时版本 1.8 或更高版本进行转换的命令如下：

```
python-m onnxruntime.tools.convert_onnx_models_to_ort<ONNX 模型文件或目录路径>
```

其中，ONNX 模型文件或目录路径可以包含一个或多个 ONNX 模型文件或目录的路径。

通过附加--help 参数运行脚本，可以获得当前的可选参数。

以 ONNX Runtime 1.11 版本为例，运行以下命令：

```
python-m onnxruntime.tools.convert_onnx_models_to_ort--help
```

可获得命令原型：

```
convert_onnx_models_to_ort.py[-h][--optimization_style{Fixed,Runtime}[{Fixed,Runtime}...]][--enable_type_reduction][--custom_op_library CUSTOM_OP_LIBRARY][--save_optimized_onnx_model][--allow_conversion_failures][--nnapi_partitioning_stop_ops NNAPI_PARTITIONING_STOP_OPS][--target_platform{arm,amd64}]model_path_or_dir
```

该命令将 ONNX 格式模型转换为 ORT 格式模型。所有扩展名为 ".onnx" 的文件都将被处理。对于每个模型，将在同一路径中创建一个 ORT 格式模型。还将创建一个配置文件，其中包含所有转换模型所需的运算符列表。此配置文件应通过 include_ops_by_config 参数用作最小构建的输入。参数说明如下。

位置参数：

model_path_or_dir：提供要转换的 ONNX 模型或包含 ONNX 模型的目录的路径。所有扩展名为 .onnx 的文件，包括子目录中的文件，都将被处理。

可选参数：

-h,--help：显示此帮助消息并退出。

--optimization_style{Fixed,Runtime}[{Fixed,Runtime}...]：对 ORT 格式模型执行的优化风格。可以提供多个值，转换将对每个值运行一次。在使用 NNAPI 或 CoreML 时，应使用运行时风格优化的模型，否则使用固定风格。

Fixed：在保存 ORT 格式模型之前直接运行优化。这会影响特定平台的优化。

Runtime：直接运行基本优化，并保存某些其他优化，以便在可能的情况下在运行时应用。这在使用编译 EP（如 NNAPI 或 CoreML）时非常有用，这些 EP 可能会运行未知数量的节点（在模型转换时）。保存的优化可以进一步优化运行时未分配给编译 EP 的节点。

--enable_type_reduction：将特定操作符的类型信息添加到配置文件中，以潜在地减少单个操作符实现支持的类型。

--custom_op_library CUSTOM_OP_LIBRARY：提供包含要注册的自定义运算符内核的共享库的路径。

--save_optimized_onnx_model：保存每个 ONNX 模型的优化版本。将应用与 ORT 格式模型相同的优化级别。

--allow_conversion_failures：设置遇到模型转换失败后是否继续。

--nnapi_partitioning_stop_ops NNAPI_PARTITIONING_STOP_OPS：指定 NNAPI EP 分区停止操作列表。特别是指定 ep.nnapi.partitioning_top_ops 会话选项配置条目的值。

--target_platform{arm,amd64}：指定将使用导出模型的目标平台。此参数可用于选择特定平台。

（2）可选脚本参数详解

① 优化风格 optimization-style。指定转换后的模型是完全固定优化，还是保存运行时优化。默认情况下，这两种模型都会生成。将替换早期 ONNX Runtime 版本中的优化级别选项。

② 优化级别。在以 ORT 格式保存之前，设置 ONNX Runtime 将用于优化模型的优化级别。对于 ONNX Runtime 1.8 及更高版本，如果模型将与 CPU EP 一起运行，则建议全部使用。对于早期版本，建议使用扩展优化，因为所有级别都包含了上一级别的优化，这将影响模型的可移植性。如果要使用 NNAPI EP 或 CoreML EP 运行模型，建议使用基本优化级别创建 ORT 格式模型。应进行性能测试，比较在启用 NNAPI 或 CoreML EP 的情况下运行此模型与使用 CPU EP 运行优化到更高级别的模型的效果，以确定最佳设置。

③ 启用类型缩减 enable-type-reduction。使用 ONNX Runtime 1.7 版及更高版本，可以限制所需操作符支持的数据类型，以进一步减小构建。这种操作被称为运算符类型缩减。ONNX 模型转换时，每个操作符所需的输入和输出数据类型被累积并包含在配置文件中。如果希望启用运算符类型缩减，则必须安装 Flatbuffers Python 包。

例如，Softmax 的 ONNX 运行时内核支持 float 和 double。如果模型使用 Softmax，但只使用浮点数据，可以排除支持 double 的实现，以减少内核的二进制大小。

④ 自定义操作符支持 custom_op_library。如果 ONNX 模型使用自定义运算符，则必须提供包含自定义运算符内核的库的路径，以便成功加载 ONNX 模型。自定义运算符将

保留在 ORT 格式模型中。

⑤ 保存优化的 ONNX 模型 save_optimized_onnx_model。添加此标志以保存优化的 ONNX 模型。优化的 ONNX 模型包含与 ORT 格式模型相同的节点和初始化器，可以在 Netron 中查看以进行调试和性能调优。

(3) 使用 ONNX Runtime 的早期版本的方法

在 ONNX Runtime 1.7 版本之前，必须从克隆的源存储库运行模型转换脚本：

```
python<ONNX Runtime repository root>/tools/python/convert_onnx_models_to_ort.py<onnx model file or dir>
```

5.3 加载并执行 ORT 格式的模型

5.3.1 不同平台的运行环境

用于执行 ORT 格式模型的运行环境与 ONNX 模型相同。详细信息，可参阅 ONNX Runtime API 文档。不同平台对应的运行环境见表 5-3。

表 5-3 不同平台对应的运行环境

平台	运行环境
Android	C,C++,Java,Kotlin
iOS	C,C++,Objective-C(通过桥接的 Swift)
Web	JavaScript

5.3.2 ORT 格式模型加载

如果为 ORT 格式模型提供文件名，则文件扩展名 .ort 将被推理为 ORT 格式模式。如果为 ORT 格式模型提供内存中的字节，则将检查这些字节中的标记以确定它是不是 ORT 格式模型。

InferenceSession 输入是一个 ORT 格式模型，可以通过 SessionOptions 来实现，尽管这通常不是必需的。

从文件路径加载 ORT 格式模型的方式如下：

```
//C++API
Ort::SessionOptionssession_options;
session_options.AddConfigEntry("session.load_model_format","ORT");
Ort::Env env;
Ort::Session session(env,<path to model>,session_options);
//Java API
SessionOptions session_options=new SessionOptions();
```

```
session_options.addConfigEntry("session.load_model_format","ORT");
OrtEnvironment env=OrtEnvironment.getEnvironment();
OrtSession session=env.createSession(<path to model>,session_options);
//JavaScript API
import * as ort from"onnxruntime-web";
const session=await ort.InferenceSession.create("<path to model>");
```

5.3.3 从内存中的字节数组加载 ORT 格式模型

如果使用包含 ORT 格式模型数据的输入字节数组创建会话，将在创建会话时复制模型字节，以确保模型字节缓冲区有效。

可通过将 SessionOptions 配置条目 session.use_ort_model_bytes_directly 设置为 1 来启用直接使用模型字节的选项。这可能会降低 ONNX Runtime Mobile 的峰值内存使用率，但可以保证模型字节在 ORT 会话的整个生命周期内都是有效的。对于 ONNX 运行时 Web，默认设置此选项。

如果启用了 session.use_ort_model_bytes_directly，则还可以选择直接将模型字节用于初始化器，以进一步减少峰值内存使用。将会话选项配置条目 session.use_ort_model_bytes_for_initializers 设置为 1 以启用此功能。如果初始化器被预打包，它将不再为该初始化器使用模型字节所节省的峰值内存使用量，而是为预打包的数据分配一个新的缓冲区。预打包是一种可选的性能优化，涉及将初始化器布局更改为当前平台的最佳排序（如果不同）。如果减少峰值内存使用比潜在的性能优化更重要，可以通过将 session.disable_prepacking 设置为 1 来禁用预打包。示例代码如下：

```
//C++API
Ort::SessionOptions session_options;
session_options.AddConfigEntry("session.load_model_format","ORT");
session_options.AddConfigEntry("session.use_ort_model_bytes_directly","1");
std::ifstream stream(<path to model>,std::ios::in|std::ios::binary);
std::vector<uint8_t>model_bytes((std::istreambuf_iterator<char>(stream)),
std::istreambuf_iterator<char>());
Ort::Env env;
Ort::Session session(env,model_bytes.data(),model_bytes.size(),session_options);
//Java API
SessionOptions session_options=new SessionOptions();
session_options.addConfigEntry("session.load_model_format","ORT");
session_options.addConfigEntry("session.use_ort_model_bytes_directly","1");
byte[]model_bytes=Files.readAllBytes(Paths.get(<path to model>));
OrtEnvironment env=OrtEnvironment.getEnvironment();
OrtSession session=env.createSession(model_bytes,session_options);
//JavaScript API
```

```
import * as ort from"onnxruntime-web";
const response=await fetch(modelUrl);
const arrayBuffer=await response.arrayBuffer();
model_bytes=new Uint8Array(arrayBuffer);
const session=await ort.InferenceSession.create(model_bytes);
```

5.3.4 ORT 格式模型运行时优化

(1) Transformer 模型优化工具概述

虽然 ONNX Runtime 在加载 Transformer 模型时会自动应用大多数优化，但一些最新的优化尚未集成到 ONNX Runtime 中。可以使用 Transformer 优化工具来调整模型以获得最佳性能。此优化工具提供了一种离线功能，可以在 ONNX Runtime 加载时不应用优化的情况下，优化 Transformer 模型。

在以下情况下，此工具可能会有所帮助：

① ONNX Runtime 尚未启用 Transformer 特定的图形优化。

② 该模型可以转换为 float16，在带有 Tensor 内核的 GPU（如 V100 或 T4）上使用混合精度来提高性能。

③ 该模型具有带动态轴的输入，由于形状推理，ONNX Runtime 无法应用某些优化。

④ 试验禁用或启用某些融合，以评估对性能或准确性的影响。

用途：

① 安装 ONNX 运行时。

② 将 Transformer 模型转换为 ONNX。

③ 运行模型优化器工具。

④ 对模型进行基准测试和分析。

(2) 支持的模型

大多数优化都需要子图精确匹配。子图中的任何布局更改都可能导致某些优化不起作用。不同版本的训练或导出工具可能会导致不同的图布局。建议使用最新发布的 PyTorch 和 Transformers 版本。

子图布局匹配的局限性：

① 根据 ONNX 运行时中注意内核的 CUDA 实现可知，注意头的最大数量为 1024。

② 由于 GPU 内存限制，Longformer 支持的最大序列长度为 4096，其他类型的模型支持的最大序列长度为 1024。

(3) 安装 ONNX 运行时

首先，需要安装 onnxruntime 或 onnxruntime-gpu 包用于 CPU 或 GPU 推理。要使用 onnxruntime-gpu，需要安装 CUDA 和 cuDNN，并将它们的 bin 目录添加到 PATH 环境变量中。

(4) 将 Transformer 模型转换为 ONNX

要将 Transformer 模型转换为 ONNX，可使用 torch.ONNX 或 tensorflow ONNX。

(5) GPT-2 模型转换

将 GPT-2 模型从 PyTorch 转换为 ONNX 并不简单。convert_to_onnx 工具可以提供帮助。

可以使用以下命令将预训练的 PyTorch GPT-2 模型转换为给定精度的 ONNX（float32、float16）：

```
python-m onnxruntime.Transformers.models.gpt2.convert_to_onnx-m gpt2--model_class GPT2LMHeadModel--output gpt2.onnx-p fp32
python-m onnxruntime.Transformers.models.gpt2.convert_to_onnx-m distilgpt2--model_class GPT2LMHeadModel--output distilgpt2.onnx-p fp16--use_gpu--optimize_onnx--auto_mixed_precision
```

该工具还将验证 ONNX 模型和相应的 PyTorch 模型是否在相同的随机输入下生成相同的输出。

(6) Longformer 模型转换

Longformer 模型转换需要在 Linux 操作系统（例如 Ubuntu 18.04 或 20.04）和带有 PyTorch 1.9.* 的 Python 环境下进行，代码如下所示：

```
conda create-n longformer python=3.8
conda activate longformer
pip install torch==1.9.1+cpu torchvision==0.10.1+cpu torchaudio==0.9.1-f https://download.pytorch.org/whl/torch_stable.html
pip install onnx Transformers==4.18.0 onnxruntime numpy
```

接下来，构建 torch 延伸源：

```
cd onnxruntime/python/tools/Transformers/models/longformer/torch_extensions
python setup.py install
```

以上命令将在目录下生成一个 PyTorch 扩展文件，如 "build/lib.linux-x86_64-3.8/longformer_attention.cpython-38-x86_64-linux-gnu.so"。

最后，将 Longformer 模型转换为 ONNX 模型，如下所示：

```
cd ..
python convert_to_onnx.py-m longformer-base-4096
```

导出的 ONNX 模型现在只能在 GPU 上运行。

(7) 运行模型优化器工具

在 Python 代码中，可以按如下方式使用优化器：

```
from onnxruntime.Transformers import optimizer
optimized_model = optimizer.optimize_model("bert.onnx", model_type='bert',
    num_heads=12, hidden_size=768)
optimized_model.convert_float_to_float16()
optimized_model.save_model_to_file("bert_fp16.onnx")
```

使用命令行优化 BERT 大型模型以使用混合精度（float16）的示例如下：

```
python-m onnxruntime.Transformers.optimizer--input bert_large.onnx--output bert_large_fp16.onnx--num_heads 16--hidden_size 1024--float16
```

下载最新的脚本文件，然后按如下方式运行：

```
python optimizer.py--input bert.onnx--output bert_opt.onnx--model_type bert
```

5.4 BERT 模型验证

5.4.1 BERT 模型验证概述

如果 BERT 模型有三个输入（如 input_ids、token_type_ids 和 attention_mask），则可以使用脚本 compare_BERT_results.py 进行快速验证。该工具将生成一些虚假的输入数据，并比较原始模型和优化模型的结果。如果输出都很接近，则使用优化的模型是安全的。

验证针对 CPU 优化的模型示例如下：

```
python-m onnxruntime.Transformers.compare_bert_results--baseline_model original_model.onnx--optimized_model optimized_model_cpu.onnx--batch_size 1--sequence_length 128--samples 100
```

对于 GPU，可在命令后附加-use_GPU。

5.4.2 对模型进行基准测试和分析

（1）基准测试

bash 脚本 run_benchmark.sh 可用于运行基准测试。可以在运行之前修改 bash 脚本以设置选项（模型、批处理大小、序列长度、目标设备等）。

bash 脚本将调用 benchmark.py 脚本来测量 OnnxRuntime、PyTorch 或 PyTorch＋TorchScript 在 Huggingface Transformers 预训练模型上的推理性能。

如果使用 run_benchmark.sh，则不需要直接使用 benchmark.py。

下面是在 GPU 上运行 benchmark.py 的预训练模型 BERT 的示例：

```
python-m onnxruntime.Transformers.benchmark-g-mbert-base-cased-o-v-b 0
python-m onnxruntime.Transformers.benchmark-g-m bert-base-cased-o
python-m onnxruntime.Transformers.benchmark-g-m bert-base-cased-e torch
python-m onnxruntime.Transformers.benchmark-g-m bert-base-cased-e torchscript
```

第一个命令将生成 ONNX 模型（优化前后），但不会运行性能测试，因为批大小为 0。其他三个命令将在三个引擎上分别运行性能测试：OnnxRuntime、PyTorch 和 PyTorch＋TorchScript。

若删除"-o"参数，则不会在基准测试中使用优化器脚本。

如果 GPU（如 V100 或 T4）有 TensorCore，可以在上述命令后附加"-p fp16"以启用混合精度。在某些仅基于解码器（如 GPT2）的生成模型中，可以在 CUDA EP 上为 SkipLayer Normalization Op 启用严格模式，以获得更好的准确性。然而，此时性能将略有下降。

如果想在 CPU 上进行基准测试，可以删除命令中的"-g"选项。

目前在 GPT2 和 DistilGPT2 模型上的基准测试已经禁用了输入和输出的过去状态。

ONNX 模型只有一个输入（input_ids）。可以使用"-i"参数来测试具有多个输入的模型。例如，可以在命令行中添加"-i 3"来测试具有 3 个输入（input_ids、token_type_ids 和 attention_mask）的 BERT 模型。此选项目前仅支持 OnnxRuntime。

(2) 性能测试

bert_perf_test.py 可用于检查 BERT 模型推理性能。以下是示例：

```
python-m onnxruntime.Transformers.bert_perf_test--model optimized_model_cpu.onnx--batch_size 1--sequence_length 128
```

对于 GPU，可在命令后附加"-use_GPU"。

测试完成后，将向模型目录输出一个类似 perf_results_CPU_B1S128.txt 或 perf_results_GPU_B1S128.txt 的文件。

(3) 模型运行分析

profiler.py 可用于在 Transformer 模型上运行分析。它可以帮助找出模型的瓶颈，以及在节点或子图上花费的 CPU 时间。

命令示例如下：

```
python-m onnxruntime.Transformers.profiler--model bert.onnx--batch_size 8--sequence_length 128--samples 1000--dummy_inputs bert--thread_num 8--kernel_time_only
python-m onnxruntime.Transformers.profiler--model gpt2.onnx--batch_size 1--sequence_length 1--past_sequence_length 128--samples 1000--dummy_inputs gpt2--use_gpu
python-m onnxruntime.Transformers.profiler--model longformer.onnx--batch_size 1--sequence_length 4096--global_length 8--samples 1000--dummy_inputs longformer--use_gpu
```

像 onnxruntime_profile__.json 这样的结果文件将输出到当前目录。

5.4.3 Olive-硬件感知模型优化工具

Olive 是一个易于使用的硬件感知模型优化工具，它在模型压缩、优化和编译方面采用了业界领先的技术。它与 ONNX Runtime 配合使用，可作为 E2E 推理优化解决方案。

对于给定的模型和目标硬件，Olive 可提供最合适的优化技术，以输出最有效的模型和运行时配置，用于使用 ONNX runtime 进行推理，同时考虑了约束条件，如对准确性和延迟的要求。Olive 集成的技术包括 ONNX Runtime Transformer 优化、ONNX Runtime 性能调优、依赖硬件的可调训练后量化、量化感知训练等技术。Olive 是 ONNX Runtime 模型优化的推荐工具。

优化示例如下。

（1）CPU 上的 BERT 优化（具有训练后量化功能）

```
{
    "input_model":{
        "type":"HfModel",
        "model_path":"Intel/bert-base-uncased-mrpc",
        "task":"text-classification",
        "load_kwargs":{"attn_implementation":"eager"}
    },
    "systems":{
        "local_system":{
            "type":"LocalSystem",
            "accelerators":[
                    {"device":"cpu","execution_providers":["CPUExecutionProvider","OpenVINOExecutionProvider"]}
            ]
        }
    },
    "data_configs":[
        {
            "name":"glue_mrpc",
            "type":"HuggingfaceContainer",
            "load_dataset_config":{"data_name":"glue","subset":"mrpc","split":"validation"},
            "pre_process_data_config":{"input_cols":["sentence1","sentence2"]},
            "dataloader_config":{"batch_size":1}
        }
    ],
    "evaluators":{
        "common_evaluator":{
            "metrics":[
                {
                    "name":"accuracy",
                    "type":"accuracy",
                    "backend":"huggingface_metrics",
                    "data_config":"glue_mrpc",
                    "sub_types":[
```

```
                    {"name":"accuracy","priority":1,"goal":{"type":"max-degradation","value":0.05}},
                    {"name":"f1"}
                ]
            },
            {
                "name":"latency",
                "type":"latency",
                "data_config":"glue_mrpc",
                "sub_types":[
                    {"name":"avg","priority":2,"goal":{"type":"percent-min-
                        improvement","value":0.1}},
                    {"name":"max"},
                    {"name":"min"}
                ]
            },
            {
                "name":"throughput",
                "type":"throughput",
                "data_config":"glue_mrpc",
                "sub_types":[{"name":"avg"},{"name":"max"},{"name":"min"}]
            }
        ]
    }
},
"passes":{
    "conversion":{"type":"OnnxConversion","target_opset":13},
    "Transformers_optimization":{"type":"OrtTransformersOptimization"},
    "quantization":{
        "type":"OnnxQuantization",
        "quant_preprocess":true,
        "per_channel":false,
        "reduce_range":false,
        "calibrate_method":"MinMax",
        "data_config":"glue_mrpc"
    },
    "session_params_tuning":{"type":"OrtSessionParamsTuning","data_config":"glue_mrpc"}
},
"search_strategy":{"execution_order":"joint","search_algorithm":"tpe","num_samples":3,"seed":0},
"evaluator":"common_evaluator",
"host":"local_system",
```

```
        "target":"local_system",
        "cache_dir":"cache",
        "output_dir":"models/bert_ptq_cpu"
    }
```

（2）CPU 上的 BERT 优化（具有量化感知训练功能）

```
{
    "input_model":{"type":"HfModel","model_path":"Intel/bert-base-uncased-mrpc","task":"text-classification"},
    "data_configs":[
        {
            "name":"glue_mrpc",
            "type":"HuggingfaceContainer",
            "user_script":"user_script.py",
            "load_dataset_config":{"data_name":"glue","split":"validation",
                                   "subset":"mrpc"},
            "pre_process_data_config":{"input_cols":["sentence1","sentence2"],
                                       "max_samples":100},
            "dataloader_config":{"batch_size":1}
        }
    ],
    "evaluators":{
        "common_evaluator":{
            "metrics":[
                {
                    "name":"accuracy",
                    "type":"accuracy",
                    "data_config":"glue_mrpc",
                    "sub_types":[{"name":"accuracy_score","priority":1}],
                    "user_config":{"post_processing_func":"qat_post_process",
                    "user_script":"user_script.py"}
                },
                {
                    "name":"latency",
                    "type":"latency",
                    "data_config":"glue_mrpc",
                    "sub_types":[{"name":"avg","priority":2}]
                }
            ]
        }
    },
    "passes":{
        "quantization_aware_training":{
```

```
            "type":"QuantizationAwareTraining",
            "user_script":"user_script.py",
            "training_loop_func":"training_loop_func"
        },
        "conversion":{"type":"OnnxConversion","target_opset":17},
        "model_optimizer":{"type":"ONNXModelOptimizer"},
        "Transformers_optimization":{"type":"OrtTransformersOptimization"},
        "session_params_tuning":{"type":"OrtSessionParamsTuning"}
    },
    "evaluator":"common_evaluator",
    "cache_dir":"cache",
    "output_dir":"models/bert_qat_customized_train_loop_cpu"
}
```

5.5 AzureML 上 ONNX 运行时的高性能推理 BERT 模型

5.5.1 AzureML 上 ONNX 运行时 BERT 模型概述

本节介绍如何使用 AzureML 预训练和微调 BERT 模型，将其转换为 ONNX，然后通过 AzureML 使用 ONNX Runtime 部署 ONNX 模型。将使用斯坦福问答数据集（SQuAD）训练的 BERT 模型作为示例。

先决条件为：如果使用的是 AzureML VM，则可进入预训练阶段。如果还没有建立与 AzureML 工作区的连接，可先进行如下工作：

① 完成 Azure 订阅。
② 加入 Azure 机器学习工作区。
③ 安装 Azure 机器学习 SDK。

为了充分利用时间，应确保做了以下事情：

① 了解 Azure 机器学习引入的架构和术语。
② 允许 Azure 门户允许跟踪部署的状态。

5.5.2 步骤 1-预训练、微调和导出 BERT 模型（PyTorch）

如果想从头开始预训练和微调 BERT 模型，可按照 BERT 模型预训练中的说明，使用 AzureML 在 PyTorch 中预训练 BERT 模型。一旦有了预训练的模型，可参考 AzureML BERT Eval Squad 或 AzureML BERT-Eval GLUE，用想要的数据集微调模型，直到创建 PyTorch 估计器进行微调。在创建 PyTorch 估计器之前，需要准备一个条目文件，以训练和导出 PyTorch 模型。确保条目文件包含以下代码以创建 ONNX 文件：

```python
In[ ]:
output_model_path="bert_azureml_large_uncased.onnx"
# 将模型设置为推理模式
# 在导出模型之前,调用 torch_model.eval()或 torch_mmodel.train(False)将模型转
# 换为推理模式非常重要。这是必需的,因为 dropout 或 batchnorm 等运算符在推
# 理和训练模式下的行为不同
model.eval()
# 为模型生成虚拟输入。必要时进行调整
inputs={
        'input_ids':   torch.randint(32,[2,32],dtype=torch.long).to(device),
        # 标记文本的数字 id 列表
        'attention_mask':torch.ones([2,32],dtype=torch.long).to(device),
        # 一个虚拟列表
        'token_type_ids':torch.ones([2,32],dtype=torch.long).to(device),
        # 一个虚拟列表
    }
symbolic_names={0:'batch_size',1:'max_seq_len'}
torch.onnx.export(model,  # 运行中的模型
                  (inputs['input_ids'],
                   inputs['attention_mask'],
                   inputs['token_type_ids']),
                  # 模型输入(或多个输入的元组)
                  output_model_path,
                # 保存模型的位置(可以是文件或类文件对象)
                  opset_version=11,
                # 要将模型导出到的 ONNX 版本
                  do_constant_folding=True,
                # 是否执行常量折叠以进行优化
                  input_names=['input_ids',
                               'input_mask',
                               'segment_ids'],
                        # 模型输入名称
                  output_names=['start',"end"],
                        # 模型输出名称
                  dynamic_axes={'input_ids':symbolic_names,
                                'input_mask':symbolic_names,
                                'segment_ids':symbolic_names,
                                'start':symbolic_names,
                                'end':symbolic_names})
                            # 可变长度轴
```

将上述代码写入 run_squad_azureml.py,将训练脚本 run_squad_azureml.py 复制到 project_root:

```
In[ ]:
shutil.copy('run_squad_azureml.py',project_root)
```

现在，可以继续参照 AzureML BERT Eval Squad 中创建 PyTorch 估计器微调部分进行操作。在创建估计器时，更改 entry_script 参数以指向刚才复制的 run_squad_azureml.py，如以下代码：

```
In[ ]:
estimator=PyTorch(source_directory=project_roots,
                  script_params={'--output-dir':'./outputs'},
                  compute_target=gpu_compute_target,
                  use_docker=True,
                  custom_docker_image=image_name,
                  script_params={...},
                  entry_script='run_squad_azureml.py',# change here
                  node_count=1,
                  process_count_per_node=4,
                  distributed_backend='mpi',
                  use_gpu=True)
```

按照 AzureML BERT Eval Squad 完成其余操作，运行并导出模型。

5.5.3 步骤 2-通过 AzureML 使用 ONNX 运行时部署 BERT 模型

在步骤1和步骤2中准备了一个优化的 ONNX BERT 模型，现在可以使用 AzureML 和 ONNX 运行时将该模型部署为 web 服务。

现在使用以下步骤在 AzureML 上部署 ONNX 模型：
① 在 AzureML 工作区中注册模型。
② 编写一个评分文件，使用 ONNX Runtime 评估模型。
③ 为 Docker 容器镜像编写环境文件。
④ 使用 Azure 容器实例 VM 部署到云端，并使用 ONNX 运行时的 Python API 进行预测。
⑤ 对示例文本输入进行分类，以便对部署的服务进行测试。

5.5.4 步骤 3-检查 AzureML 环境

检查代码如下：

```
In[ ]:
# 检查核心 SDK 版本号
import azureml.core
from PIL import Image,ImageDraw,ImageFont
```

```
import json
import numpy as np
import matplotlib.pyplot as plt
% matplotlib inline
print("SDK 版本：",azureml.core.VERSION)
```

加载 AzureML 工作区示例代码如下：

```
In[ ]:
from azureml.core import Workspace
ws=Workspace.from_config()
print(ws.name,ws.location,ws.resource_group,sep='\n')
```

5.5.5　步骤 4-在 AzureML 中注册模型

现在上传模型并在工作区中注册。下面使用从步骤 1 输出的 BERT SQuAD 模型作为示例。

使用 run.register_model 将模型注册到工作区。其中，model_path 参数接收远程 VM 上到输出目录中模型文件的相对路径。然后，可以通过 AML SDK 将此注册模型部署为 web 服务。注册代码如下：

```
In[ ]:
model=run.register_model(model_path="./bert_azureml_large_uncased.onnx",
    # 工作区中已注册模型的名称
                    model_name="bert-squad-large-uncased",
                    # 上传本地 ONNX 模型并注册为模型
                    model_framework=Model.Framework.ONNX,
                    # 用于创建模型的框架
                    model_framework_version='1.6',
                    # 用于创建模型的 ONNX 版本
                    tags={"onnx":"demo"},
                    description="从 PyTorch 导出的 BERT-large-uncased 分组模型",
                    workspace=ws)
```

如果正在处理本地模型并希望将其部署到 AzureML，可将模型上传到此代码文件所在的同一目录，并使用 Model.register() 注册它。代码如下：

```
In[ ]:
from azureml.core.model import Model
model=Model.register(model_path="./bert_azureml_large_uncased.onnx",
                        # 工作区中已注册模型的名称
    model_name="bert-squad-large-uncased",
    # 上传本地 ONNX 模型并注册为模型
```

```
                  model_framework=Model.Framework.ONNX,
                                    # 用于创建模型的框架
                                    model_framework_version='1.6',
                                    # 用于创建模型的 ONNX 版本
                                    tags={"onnx":"demo"},
                                    description="PyTorch 导出的 Bert-large-uncased 分组模型",
                                    workspace=ws)
```

可以选择列出在此工作区中注册的所有模型,代码如下:

```
In[ ]:
models=ws.models
for name,m in models.items():
    print("Name:",name,"\tVersion:",m.version,"\tDescription:",m.description,m.tags)
    # 如果想从工作区中删除模型
    model_to_delete=Model(ws,name)
    model_to_delete.delete()
```

5.5.6 步骤 5-编写评分文件

现在将使用 ONNX 运行时在 AzureML 上部署 ONNX 模型。首先编写一个 score.py 文件,该文件将由 web 服务调用。init() 函数在容器启动时被调用一次,从而将模型加载到全局会话对象中。然后,当使用 AzureML web 服务运行模型时,run() 函数被调用。假设输入将采用以下格式:

```
In[ ]:
inputs_json={
  "version":"1.4",
  "data":[
    {
      "paragraphs":[
        {
          背景:在早期,新的会议中心未能达到观众和收入的预期。到 2002 年,许多硅谷企业选择了旧金山更大的莫斯康中心,而不是圣何塞会议中心,因为后者的空间有限。通过酒店税为扩建提供资金的投票措施未能达到所需的三分之二多数票通过。2005 年 6 月,圣何塞团队建造了南厅,这是一个价值 677 万美元的蓝白帐篷,增加了 80000 平方英尺(7400 平方米)的展览空间。
          "qas":[
            {
              "question":"企业选择去哪里?",
              "id":"1"
            },
```

```
                {
                    "question":"投票措施需要多少选票?",
                    "id":"2"
                },
                {
                    "question":"企业什么时候选择莫斯康中心的?",
                    "id":"3"
                }
            ]
        }
    ],
    "title":"会议中心"
    }
  ]
}
```

score.py 中写入如下代码:

```
In[ ]:
%%writefile score.py
import os
import collections
import json
import time
from azureml.core.model import Model
import numpy as np          # 将使用 Numpy 来处理输入和输出数据
import onnxruntime          # 为了推理 ONNX 模型,使用 ONNX 运行时
import wget
from pytorch_pretrained_bert.tokenization import whitespace_tokenize,BasicTokenizer,BertTokenizer
def init():
    global session,tokenizer
    # 使用 AZUREML_MODEL_DIR 获取已部署的模型。如果部署了多个模型
    # model_path = os.path.join(os.getenv('AZUREML_MODEL_DIR'),'$MODEL_NAME/$VERSION/$MODEL_FILE_NAME')
    model_path = os.path.join(os.getenv('AZUREML_MODEL_DIR'),'bert_azureml_large_uncased.onnx')
    sess_options=onnxruntime.SessionOptions()
    # 需要为 OpenMP 设置环境变量,如 OMP_NUM_THREADS,以获得最佳性能
    sess_options.intra_op_num_threads=1
    session=onnxruntime.InferenceSession(model_path,sess_options)
    tokenizer = BertTokenizer.from_pretrained("bert-large-uncased",do_lower_case=True)
```

```python
    # 下载 run_squad.py 和 tokenization.py
    # 帮助进行预处理和后处理
    if not os.path.exists('./run_onnx_squad.py'):
        url = " https://raw.githubusercontent.com/onnx/models/master/text/machine_comprehension/bert-squad/dependencies/run_onnx_squad.py"
        wget.download(url,'./run_onnx_squad.py')
    if not os.path.exists('./tokenization.py'):
        url = " https://raw.githubusercontent.com/onnx/models/master/text/machine_comprehension/bert-squad/dependencies/tokenization.py"
        wget.download(url,'./tokenization.py')
def preprocess(input_data_json):
    global all_examples,extra_data
    # 模型配置,根据需要进行调整
    max_seq_length=128
    doc_stride=128
    max_query_length=64
    # 将输入 json 写入 read_squad_examples()使用的文件
    input_data_file="input.json"
    # 使用 open(input_data_file,'w')作为 outfile:
        json.dump(json.loads(input_data_json),outfile)
```

以下代码用于获取参数并进行后处理工作:

```python
    from run_onnx_squad import read_squad_examples,convert_examples_to_features
    # 使用 run_onnx_snap 中的 read_squad_examples 方法读取输入文件
    all_examples=read_squad_examples(input_file=input_data_file)
    # 使用 run_onnx_snap 中的 convert_example.to_features 方法从输入中获取参数
    input_ids,input_mask,segment_ids,extra_data=convert_examples_to_features(all_examples,tokenizer,max_seq_length,doc_stride,max_query_length)
    return input_ids,input_mask,segment_ids
def postprocess(all_results):
    # 后处理结果
    from run_onnx_squad import write_predictions
    n_best_size=20
    max_answer_length=30
    output_dir='predictions'
    os.makedirs(output_dir,exist_ok=True)
    output_prediction_file=os.path.join(output_dir,"predictions.json")
    output_nbest_file=os.path.join(output_dir,"nbest_predictions.json")
    # 将预测(问题的答案)写在一个文件中
    write_predictions(all_examples,extra_data,all_results,
                n_best_size,max_answer_length,
```

```python
                    True,output_prediction_file,output_nbest_file)
        # 从文件中检索最佳结果
        result={}
        with open(output_prediction_file,"r")as f:
            result=json.load(f)
        return result
    def run(input_data_json):
        try:
            # 加载数据
            input_ids,input_mask,segment_ids=preprocess(input_data_json)
            RawResult=collections.namedtuple("RawResult",["unique_id","start_logits","end_logits"])

            n=len(input_ids)
            bs=1
            all_results=[]
            start=time.time()
            for idx in range(0,n):
                item=all_examples[idx]
                # 使用 batch_size=1
                # 以 int64 格式输入数据
                data={
                        "segment_ids":segment_ids[idx:idx+bs],
                        "input_ids":input_ids[idx:idx+bs],
                        "input_mask":input_mask[idx:idx+bs]
                        }
                result=session.run(["start","end"],data)
                in_batch=result[0].shape[0]
                start_logits=[float(x)for x in result[1][0].flat]
                end_logits=[float(x)for x in result[0][0].flat]
                for i in range(0,in_batch):
                    unique_id=len(all_results)
                    all_results.append(RawResult(unique_id=unique_id,start_logits=start_logits,end_logits=end_logits))
            end=time.time()
            print("total time:{}sec,{}sec per item".format(end-start,(end-start)/len(all_results)))
            return{"result":postprocess(all_results),
                    "total_time":end-start,
                    "time_per_item":(end-start)/len(all_results)}
        except Exception as e:
            result=str(e)
            return{"error":result}
```

5.5.7 步骤 6-写入环境文件

创建了一个 YAML 文件,指定希望在容器中看到哪些依赖关系。代码如下:

```
In[ ]:
from azureml.core.conda_dependencies import CondaDependencies
myenv = CondaDependencies.create(pip_packages=["numpy","onnxruntime",
"azureml-core","azureml-defaults","tensorflow","wget","pytorch_pretrained_bert"])
with open("myenv.yml","w")as f:
    f.write(myenv.serialize_to_string())
```

5.5.8 步骤 7-在 Azure 容器实例上将模型部署为 Web 服务

代码如下:

```
In[ ]:
from azureml.core.webservice import AciWebservice
from azureml.core.model import InferenceConfig
from azureml.core.environment import Environment
myenv = Environment.from_conda_specification(name="myenv", file_path=
"myenv.yml")
inference_config=InferenceConfig(entry_script="score.py",environment=myenv)
aciconfig=AciWebservice.deploy_configuration(cpu_cores=1,
                                             memory_gb=4,
                                             tags={'demo':'onnx'},
                                             description='web service for
                                             Bert-squad-large-uncased ONNX
                                             model')
```

以下代码可能需要几分钟的运行时间:

```
In[ ]:
from azureml.core.webservice import Webservice
from random import randint
aci_service_name='onnx-bert-squad-large-uncased-'+str(randint(0,100))
print("Service",aci_service_name)
aci_service=Model.deploy(ws,
                         aci_service_name,
                         [model],
                         inference_config,
                         aciconfig)
aci_service.wait_for_deployment(True)
print(aci_service.state)
```

如果部署失败，可以检查日志。以下代码可确保在重试之前删除 aci_service：

```
In[ ]:
if aci_service.state！='Healthy':
    # 运行此命令进行调试。
    print(aci_service.get_logs())
    aci_service.delete()
```

如果部署成功，可以使用下面的代码获取 Web 服务的 URL：

```
In[ ]:
print(aci_service.scoring_uri)
```

5.5.9　步骤 8-使用 WebService 推理 BERT 模型

输入：上下文段落和问题，格式为 inputs.json。
任务：对于关于上下文段落的每个问题，模型预测最有可能回答问题的段落的开始和结束标记。
输出：每个问题的最佳答案。
示例代码如下：

```
In[ ]:
print("=========输入数据=========")
print(json.dumps(inputs_json,indent=2))
azure_result=aci_service.run(json.dumps(inputs_json))
print("\n")
print("=========结果=========")
print(json.dumps(azure_result,indent=2))
In[ ]:
res=azure_result['result']
inference_time=np.round(azure_result['total_time']*1000,2)
time_per_item=np.round(azure_result['time_per_item']*1000,2)
print('===================================')
print('最终预测为：')
for key in res:
    print("问题：",inputs_json['data'][0]['paragraphs'][0]['qas'][int(key)-1]['question'])
    print("最佳答案：",res[key])
    print()

print('===================================')
```

```
print('推理时间:'+str(inference_time)+" ms")
print('每个问题的平均推理时间:'+str(time_per_item)+" ms")
print('=================================')
```

当最终使用完 Web 服务时,使用以下代码删除 aci_service:

```
In [ ]:
aci_service.delete()
```

第6章

ONNX创新开发案例分析

6.1 FedAS：弥合个性化联合学习中的不一致性

6.1.1 概述

个性化联合学习（PFL）的主要目的是为每个客户端提供定制的模型，以更好地对非IID(Independent Identically Distribution，独立同分布）客户端数据进行快速傅里叶变换，这是联合学习中固有的挑战。然而，当前的 PFL 方法在客户端内部和客户端之间都存在不一致性：

① 客户端内部的不一致性源于个性化和共享参数的异步更新策略。在 PFL 中，客户更新其共享参数以与他人沟通和学习，同时保持个性化部分不变，导致在两个组件之间协调不佳。

② 客户端间的不一致性源于离散者——与服务器通信和训练频率较低的非活动客户端。这导致他们的个性化模型训练不足，阻碍了其他客户的协作训练阶段。

一种名为 FedAS 的新型 PFL 框架使用联邦参数对齐和客户端同步来克服上述挑战。FedAS 通过向全局参数注入局部见解来增强全局参数的本地化，使共享部分从之前的模型中学习，从而增加它们的局部相关性、减少参数不一致的影响。

此外，FedAS 还设计了一种鲁棒的聚合方法，通过防止将训练不足的知识纳入聚合模型来减轻离散者的影响。Cifar10 和 Cifar100 上的实验结果验证了 FedAS 在实现更好的性能和对数据异构的鲁棒性方面的有效性。

6.1.2 技术分析

客户内部和客户之间不一致的问题说明如图 6-1 所示。

在图 6-1 中，个性化联邦学习中的异步参数更新导致个性化和共享部分之间的客户端内不一致，离散者导致客户端间不一致，这会影响协作学习阶段的聚合更新。

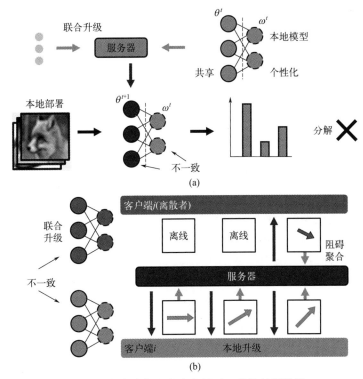

图 6-1 客户内部和客户之间不一致的问题说明

FedAS 的架构如图 6-2 所示。

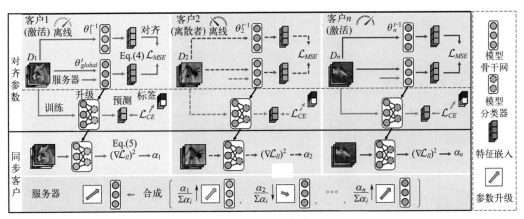

图 6-2 FedAS 架构

在图 6-2 中,首先,每个客户端使用参数对齐来定位接收到的骨干网进行本地训练。然后,执行客户端同步,其中每个客户端通过计算对数似然函数 ∇L_{ll} 的平方梯度来获得 α 值。在服务器端,服务器通过 α_i 进行加权模型聚合。

6.1.3 结论

本案例探讨了个性化联邦学习中的不一致性问题,并介绍了一种简单而有效的算法

FedAS。其利用 Parameteralign 和客户端同步来解决不一致性问题。FedAS 的有效性已经在各种分类任务中得到了充分验证。

6.2 快照压缩成像的双先验展开

6.2.1 概述

近年来，深度展开方法在快照压缩成像（SCI）重建领域取得了显著成功。然而，现有的方法都遵循单图像先验的迭代框架，这限制了展开方法的效率，并使得简单有效地使用其他先验成为一个问题。一种有效的双先验展开（DPU）打破了这种束缚，它实现了多个深度先验的联合利用，大大提高了迭代效率。展开方法通过两部分实现，即双先验框架（DPF）和集中注意力（FA）。简而言之，除了常规的图像先验外，DPF 还在迭代公式中引入残差，并通过考虑各种退化来构建残差的退化先验，以建立展开框架。为了提高基于自关注的图像先验的有效性，FA 采用了一种受 PCA 去噪启发的新机制来缩放和分散注意力，使注意力更多地集中在有效特征上，且计算成本很低。此外，还有一种非对称骨干网，可以进一步提高层次自关注的效率。值得注意的是，与以前的方法相比，5 级 DPU 以最少的 FLOP 和参数实现了最先进的 SOTA 性能，而 9 级 DPU 在计算要求较低的情况下明显优于其他展开方法。

6.2.2 技术分析

双先验展开示意图如图 6-3 所示。

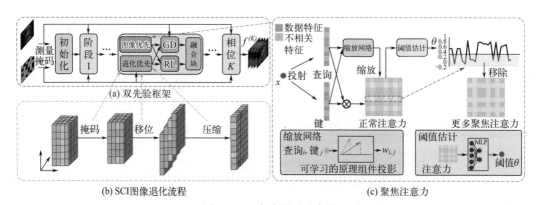

图 6-3 双先验展开示意图

双先验框架（DPF）：考虑多种退化来制定退化先验，随后通过梯度下降（GD）和残差学习（RL）的组合将其与图像先验集成。这种集成能够同时利用两个先验，从而促进单次迭代中的双重重建。

聚焦注意力（FA）：受 PCA 去噪的启发，采用可学习的主成分投影来衡量自注意力。

随后，利用阈值有效地消除了自关注中的无关特征，增强了 Transformer 的重建能力。

6.2.3 结论

本案例介绍了一种高效的深度展开方法，称为 DPU，专门用于高光谱 SCI 重建。DPU 方法最初由一个新的双先验框架构建，在迭代框架中结合了聚焦注意力以提高重建质量。该策略有效地利用了多个先验，同时提高了迭代效率。此外，设计了一种非对称骨干网，以保持分层特性，同时降低 DPU 方法的计算复杂度。通过定量和消融实验验证了该方法的有效性。

6.3 利用光谱空间校正改进光谱快照重建

6.3.1 概述

如何有效地利用高光谱图像（HSI）的光谱和空间特性一直是光谱快照重建中的关键问题。光谱方向变换器在捕获 HSI 的光谱间相似性方面显示出巨大的潜力，但变换器的经典设计，即光谱（通道）维度的多头分割，阻碍了全局光谱信息的建模，并导致了平均效应。此外，之前的方法采用正常的空间先验，没有考虑成像过程，无法解决快照光谱重建中独特的空间退化问题。

通过分析多头分割的扩散，研究者提出了一种新的光谱空间校正（SSR）方法，以提高光谱信息的利用率，改善空间退化。具体来说，SSR 包括两个核心部分：基于窗口的光谱自注意（WSSA）和空间校正块（ARB）。WSSA 旨在捕获全局光谱信息并解释局部差异，而 ARB 旨在使用空间对齐策略来减轻空间退化。仿真和真实场景的实验结果证明了所提出方法的有效性，还提供了多个尺度的模型来证明方法的优越性。

6.3.2 技术分析

光谱空间校正（SSR）示意图如图 6-4 所示。

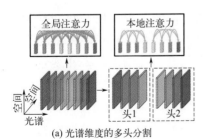

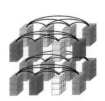

图 6-4 光谱空间校正（SSR）示意图

空间退化、CMB、SAB 空间策略如图 6-5 所示。

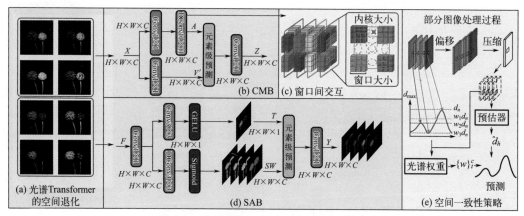

图 6-5　空间退化、CMB、SAB 空间策略

6.3.3　结论

本案例分析了多头注意和平均效应对光谱变换器的影响，并提出了一种新的 SSR 方法来改进光谱快照重建。为了对全局光谱信息进行建模，考虑局部差异，并保持空间相关性，提出了 WSSA 来更好地利用光谱相似性。ARB 利用 CMB 来消除 WSSA 相邻窗口之间的相互作用，通过一种新颖的空间对齐策略来减轻低质量频带空间退化时学习空间表示。仿真和真实场景的大量实验表明了所提出模块的有效性。在不同尺度上的 SSR 也以更低的成本显著优于其他方法。

6.4　基于位平面切片的学习型无损图像压缩

6.4.1　概述

自回归初始比特（ArIB）是一种结合子图像自回归和潜在变量模型的框架，在无损图像压缩方面显示出了优势。然而，在当前的方法中，图像分割会使潜在变量的信息在每个子图像中均匀分布，除了后验折叠外，还导致潜在变量的使用不足。为了解决这些问题，引入了位平面切片（BPS），在位平面维度上分析分割图像潜在变量的不同重要性。BPS 通过排列潜在变量重要性降低的子图像来提供更有效的表示。为了解决 BPS 导致的维度数量增加的问题，进一步提出了一种维度定制的自回归模型，该模型根据每个维度的特征为其定制自回归方法，可有效地捕捉平面、空间和颜色维度的依赖关系。

6.4.2 技术分析

基于位平面切片的学习型无损图像压缩示意图如图 6-6 所示。

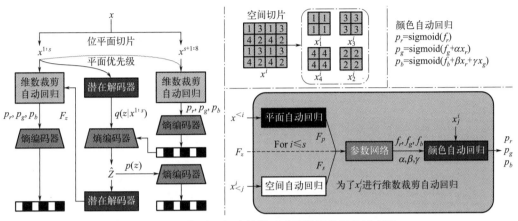

图 6-6 基于位平面切片的学习型无损图像压缩示意图

在图 6-6 中，s 表示分割指数。橙色的深度表示网络在维度定制自回归中的复杂程度。在编码过程中，对无符号平面 $x^{s+1:8}$ 进行第一次编码，条件是有符号平面 $x^{1:s}$。然后，从 $x^{1:s}$ 中获得后验分布 $q(z|x^{1:s})$。通过使用 $q(z|x^{1:s})$ 从先前编码的比特流中解码来获得潜在变量 $\hat{z}$。接下来，对 $x^{1:s}$ 进行编码，条件是 $\hat{z}$。最后，$\hat{z}$ 用先验分布 $p(z)$ 进行编码。解码顺序与编码过程相反。

6.4.3 结论

本案例提出了一种无损图像压缩的新方法。该方法基于 BPS，能够充分利用潜在变量，并通过排列潜在变量重要性降低的子图像来增强自回归，从而降低后验崩溃的风险。

此外，本案例提出了一个维度定制的自回归模型，该模型考虑了每个维度的不同特征。它有效地捕捉了空间、颜色和平面维度的依赖关系。实验结果表明，与较先进的基于归一化流的方法相比，所提方法在相当的推理时间内实现了更优的压缩性能。

由于位平面之间的相互依赖性，该方法的复杂性将随着位深度的增加而增加。为了将该方法扩展到高比特深度图像，应该在未来的工作中探索有效的策略，例如一步处理多个平面。

6.5 LiDAR4D：用于新型时空观激光雷达合成的动态神经场

6.5.1 概述

神经辐射效应（NeRF）已在图像新视图合成（NVS）方面取得了成功，而 LiDAR

NVS 的相关研究较少。之前的 LiDAR NVS 方法采用了与图像 NVS 方法类似的处理思路，这忽略了 LiDAR 点云的动态特性和大规模重建问题。鉴于上述情况，提出了 LiDAR4D，这是一个新颖的仅支持 LiDAR 的可微框架视图合成。考虑到稀疏性和大规模特性，设计了一种结合多平面和网格特征的 4D 混合表示，以实现从粗到细的有效重建。此外，引入了从点云导出的几何约束来提高时间一致性。为了真实地合成 LiDAR 点云，采用了光线下降概率的跨区域模式进行全局优化。在 KITTI-360 和 NuScenes 数据集上的广泛实验证明了该方法在实现几何感知和时间一致的动态重建方面的优越性。

6.5.2 技术分析

新方法 LiDAR4D 系统概述如图 6-7 所示。

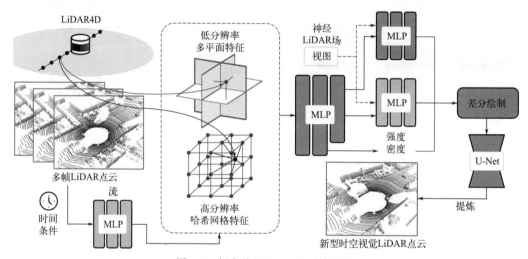

图 6-7　新方法 LiDAR4D 系统概述

在图 6-7 中，对于大规模自动驾驶场景使用 4D 混合表示，该表示结合了低分辨率多平面特征和高分辨率哈希网格特征以实现有效的重建。然后，通过 MLP 聚合的多级时空特征被馈送到神经 LiDAR 场中，用于密度、强度和射线下落概率预测。最后，通过可微渲染合成了新型时空视觉 LiDAR 点云。此外，构建了从点云导出的几何约束，以实现时间一致性和生成真实感的光线全局优化。

6.5.3 结论

本案例重新审视了现有 LiDAR NVS 方法的局限性，并提出了一种新的框架来解决三个主要挑战，即动态重建、大规模场景表征和真实感合成。

本案例提出的 LiDAR4D 方法在广泛的实验中证明了其优越性，实现了大规模动态点云场景的几何感知和时间一致性重建，并生成了更接近真实分布的新型时空视觉 LiDAR 点云。未来更多的工作将集中在将 LiDAR 点云与神经辐射效应的结合上，并探索动态场景重建和合成的更多可能性。

6.6 用于图像恢复的具有注意特征重构的自适应稀疏变换器

6.6.1 概述

基于变换器的方法在图像恢复任务中取得了很好的性能,因为它们能够模拟长距离依赖关系,这对于恢复清晰的图像至关重要。尽管不同的有效注意力机制设计已经解决了与使用变换器相关的密集计算问题,但这类方法大多考虑所有可用令牌,这将产生大量冗余信息和来自无关区域的噪声交互。在这项工作中,研究者提出了一种自适应稀疏变换器(AST)来减轻无关区域的噪声交互,并消除空间和信道域中的特征冗余。AST 包括两个核心设计,即自适应稀疏自注意(ASSA)块和特征重构前馈网络(FRFN)。具体来说,ASSA 是使用双分支范式自适应计算的,其中引入稀疏分支来过滤掉低查询密钥匹配分数对聚集特征的负面影响,而密集分支则确保了足够的信息通过网络学习判别表示。同时,FRFN 采用增强和简化方案来消除通道中的特征冗余,增强清晰潜像的恢复程度。实验证明了该方法在几个任务中的多功能性和竞争性,包括雨纹去除、真实雾霾去除和雨滴去除等任务。

6.6.2 技术分析

两种变换器工作量比较如图 6-8 所示。

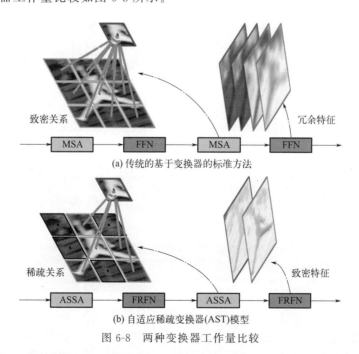

图 6-8 两种变换器工作量比较

在图 6-8 中,传统的基于变换器的方法将所有可用的令牌合并到多头自关注(MSA)

计算中，并使用前馈网络（FFN）来处理冗余特征。自适应稀疏变换器（AST）包括一个自适应稀疏自注意（ASSA）块，用于从无关令牌中滤除噪声交互，以及一个特征重构前馈网络（FRFN），用于减少隐藏在信道中的冗余。

自适应稀疏变换器（AST）原理如图 6-9 所示。

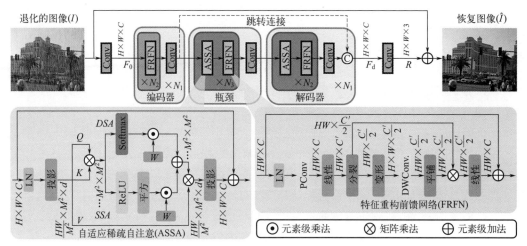

图 6-9　自适应稀疏变换器（AST）原理

在图 6-9 中，LN 表示层归一化，Conv 表示卷积运算。

6.6.3　结论

这项工作的目标是通过自适应地学习最具信息量的表示并减轻特征中的噪声信息，从而恢复清晰的图像。虽然从 NLP 中引入了基于 ReLU 的稀疏自关注（SSA）来消除不相关令牌之间的噪声交互，而不是直接将其用作基本组件，但目标是首先防止由 ReLU-based SSA 的小熵而导致的信息丢失。为了有效地实现这一点，探索了一种自适应架构设计，该设计确保在另一个密集分支的帮助下向前传递必要的信息。此外，提出了一种 FRFN，通过增强和简化方案执行特征变换，其中可以学习判别特征表示来提高图像重建质量。AST 优于采用选择操作（如 TopK 选择和稀疏信道 SA）或将特征投影到超像素空间（如压缩 SA）以减少冗余的效果。

未来的工作可能会集中在解决当前的局限性上（例如，为具有各种退化的低质量图像开发一个统一的模型），或开发特定任务模型。

6.7　面向目标检测中边界不连续性问题的再思考

6.7.1　概述

定向目标检测在过去几年中发展迅速，其中旋转变换对于检测器预测旋转盒子至关重要。当物体旋转时,预测可以保持旋转一致性,但当物体在边界角度附近旋转时,有时会观察到角度预测的严重突变,这是众所周知的边界不连续问题。长期以来,人们一直认为这个问题是由角边界处的急剧损失增加引起的,广泛使用的联合优化 IoU 类方法通过损失平滑来处理这个问题。

然而,实验发现,即使是最先进的类物联网方法实际上也无法解决这个问题。进一步分析,发现解决的关键在于平滑函数的编码模式,而不是联合或独立优化。在现有的类 IoU 方法中,该模型本质上试图快速分析盒子和物体之间的角度关系,其中角度边界处的断点使预测高度不稳定。为了解决这个问题,提出了一种角度的双重优化范式。将单个平滑函数的可逆性和联合最优解耦为两个不同的实体,这首次实现了校正角度边界和将角度与其他参数混合的目标。

在多个数据集上的大量实验表明,使用该方法后,边界不连续性问题得到了很好的解决。此外,典型的类 IoU 方法可被改进到相同的水平,且没有明显的性能差距。

6.7.2 技术分析

双重优化范式和 ACM 编码器概述如图 6-10 所示。

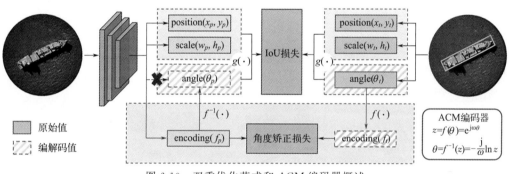

图 6-10 双重优化范式和 ACM 编码器概述

在图 6-10 中,检测器输出角度 ACM 编码 f_p。在此基础上,基于联合编码 $g(\cdot)$ 的另一类 IoU 损耗被应用于 ACM 解码角度 $f^{-1}(f_p)$。该范式实现了校正角边界和混合参数的目标。

6.7.3 结论

通过实验发现,广泛使用的 IoU 类方法实际上并不能解决众所周知的边界不连续问题。进一步分析,发现解决方案的关键在于平滑函数的编码模式,而不是联合或独立优化。本案例提出了一种与复指数角编码相结合的双重优化范式,实现了校正角边界和混合参数的目标。最后,大量实验表明,该方法有效地消除了边界问题,显著提高了目标检测器的检测性能。

6.8 综合、诊断和优化：迈向精细视觉语言理解

6.8.1 概述

视觉语言模型（VLM）在各种下游任务中表现出了卓越的性能。然而，理解细粒度的视觉语言概念，如属性和对象间关系，仍然是一个重大的挑战。虽然已经有方法可以更精细地粒度评估 VLM，但它们的主要重点仍然是语言方面，而忽略了视觉维度。本节强调从文本和视觉角度评估 VLM 的重要性，引入了一个渐进式流水线来合成在特定属性上变化的图像，同时确保所有其他方面的一致性。利用这个数据引擎，精心设计了一个基准 SPEC，用于诊断对象大小、位置等。随后，对 SPEC 上的四种领先的 VLM 进行了全面评估。令人惊讶的是，它们的表现接近随机值，具有明显的局限性。考虑到这一点，提出了一种简单而有效的方法来优化模糊理解中的 VLM，在不影响零样本性能的情况下实现对 SPEC 的显著改进。

另外两个细粒度基准测试的结果进一步验证了方法的可转移性。

6.8.2 技术分析

数据渐进式构建管道示意图如图 6-11 所示。

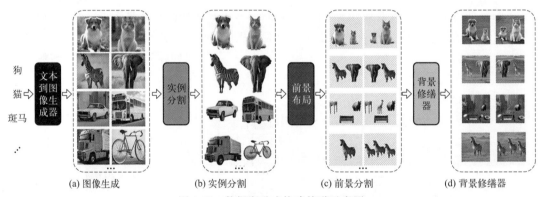

图 6-11 数据渐进式构建管道示意图

在图 6-11 中，通过生成包含单个对象的一批图像来启动该过程。随后，从图像中提取对象。之后，根据需求（控制属性）在空白画布上排列无背景图像。最后，精心筛选缺失的背景，确保候选目标之间的一致性。

一致的背景修复策略如图 6-12 所示。

在图 6-12 中，首先生成所有候选图像共享的初始背景。然后，围绕这个区域展开，确保不同图像背景的一致性。

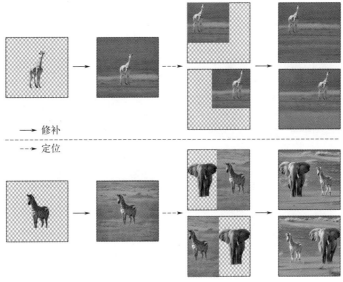

图 6-12 一致的背景修复策略

6.8.3 结论

本案例探讨了视觉语言模型（VLMs）对细粒度视觉语言概念的理解能力。首先建立了一个有效的管道来合成在特定视觉属性上完全不同的候选图像。利用此管道创建了 SPEC 基准，以诊断 VLM 在对象大小、位置、存在和计数方面的理解能力。评估四种用 SPEC 的 VLM，发现了实质性的性能限制。为了解决这个问题，引入了一种增强策略，该策略有效地优化了模型以进行模糊粒度理解，同时保持了其原始的零样本能力。

6.9 光谱和视觉光谱偏振真实数据集

6.9.1 概述

图像数据集不仅在验证计算机视觉现有方法方面至关重要，而且在开发新方法方面也至关重要。大多数现有的图像数据集多为三色强度图像，用以模仿人类视觉，而偏振和光谱数据集，即在恶劣环境中生存和大脑容量有限的动物经常依赖的光的波特性，仍然代表不足。尽管存在光谱偏振数据集，但这些数据集存在对象多样性不足、光照条件有限、仅线性偏振数据和图像计数不足等缺陷。本节介绍两个光谱偏振数据集：三原色斯托克斯图像数据集和超光谱斯托克斯图像数据集。这些新的数据集含有线偏振和圆偏振，引入了多个光谱通道，具有广泛的现实世界场景选择。研究者根据这些数据集分析了光谱偏振图像统计，开发了这种高维数据的有效表示，并评估了偏振方法对形状的光谱依赖性。这些数据集有望为数据驱动的光谱偏振成像和视觉研究奠定基础。

6.9.2 技术分析

两种具有代表性的极化可视化如图 6-13 所示。

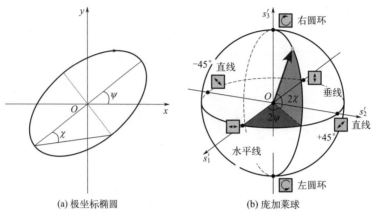

(a) 极坐标椭圆　　　　(b) 庞加莱球

图 6-13　两种具有代表性的极化可视化

在图 6-13 中，图（a）是由极坐标椭圆描绘的投影到与光传播相切的平面上的电场振荡，图（b）利用庞加莱球将光在归一化斯托克斯（Stokes）向量轴 s_1', s_2', s_3' 上的偏振态可视化。

图 6-14 展示了三原色和超光谱数据集，右侧的表格将该数据集与现有的光谱偏振数据集进行了比较。三原色和超光谱数据集是唯一包含不同真实场景的多个光谱带上的线性（LP）和圆形（CP）偏振的数据集。

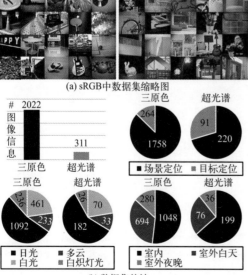

数据集	极坐标	谱段	场景统计	场景多样性
三原色和超光谱数据集	LP	1	522	室外场景
	LP	1	300	室内对象
	LP	6	10	室内对象
	LP	3	40	室内对象
	LP	3	3	室内对象
	LP	3	2	室内多视图
	LP	3	6	反射对象
	LP	3	807	室外场景
	LP	3	500	
	LP	3	44300	合成的
	LP	3	3200	反射对象
	LP	3	4500	透明对象
	LP	3	2000	室内/室外场景
	LP, CP	18	67	平台对象
	LP, CP	21	4	合成多视图
	LP, CP	21	4	室内/室外多视图
RGB	LP, CP	3	2022	室内/室外场景
HS	LP, CP	21	311	室内/室外场景

图 6-14　三原色和超光谱数据集

光谱偏振图像的采集如图 6-15 所示。

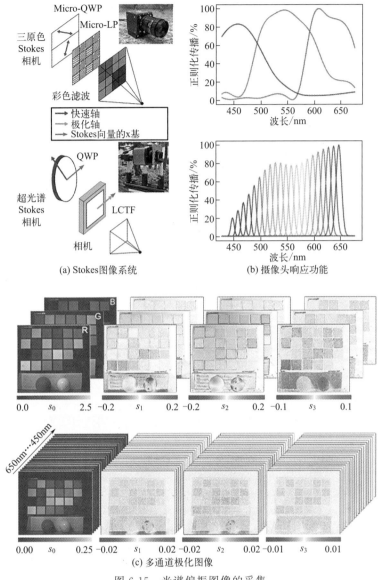

图 6-15 光谱偏振图像的采集

斯托克斯向量分布如图 6-16 所示。

在图 6-16 中，图（a）是绿色通道处 s_1、s_2 和 s_3 的斯托克斯图像，图（b）是三色度和超光谱数据集的 s_0、s_1、s_2 和 s_3 的斯托克斯向量分布。

6.9.3 结论

在这项工作中，引入了一种新的三原色和超光谱数据集，该数据集包含各种自然场景和各种照明条件，总共超过 2333 个场景，用于分析自然光谱偏振图像斯托克斯向量的经验分布。为了有效地表示空间光谱极化数据，设计了一个基于 PCA 的模型和一个隐式神经表示，还对斯托克斯梯度分布、去噪特性、SfP 的谱依赖性和环境依赖性进行了详细分析。本案例为未来光谱偏振成像和视觉的研究奠定了基础。

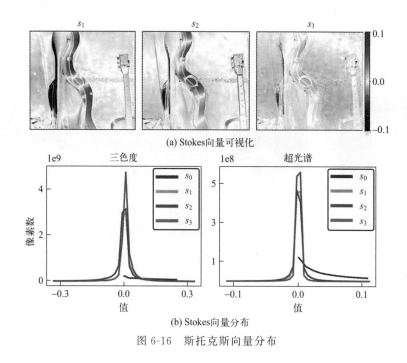

图 6-16　斯托克斯向量分布

6.10　CoSeR 桥接图像和语言以实现认知超分辨率

6.10.1　概述

现有的超分辨率（SR）模型主要侧重于恢复局部纹理细节，往往忽略了场景中的全局语义信息。这种疏忽可能会导致在恢复过程中遗漏关键的语义细节或引入不准确的纹理。

为解决这一问题，引入了认知超分辨率（CoSeR）模型，赋予 SR 模型理解低分辨率图像的能力。通过将图像外观和语言理解结合起来生成认知嵌入来实现这一目标，该嵌入不仅激活了从大型文本到图像扩散模型的先验信息，还促进了高质量参考图像的生成，以优化 SR 过程。为了进一步提高图像的保真度，提出了一种新的条件注入方案，称为 All-in-Attention，将所有条件信息整合到一个模块中。该方法成功地恢复了正确语义和逼真的细节，在多个基准测试中展示了先进的性能。

6.10.2　技术分析

由认知超分辨率（CoSeR）模型生成的 4 倍超分辨率结果如图 6-17 所示。

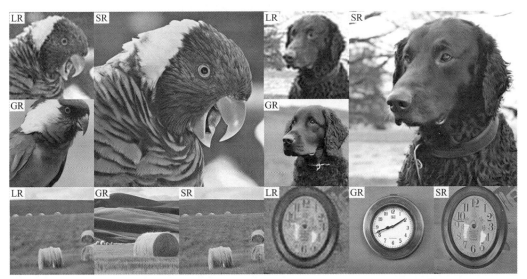

图 6-17 由认知超分辨率（CoSeR）模型生成的 4 倍超分辨率结果

为了简明起见，将输入、生成的引用和恢复结果分别表示为 LR、GR 和 SR。在图 6-17 中，CoSeR 熟练地从低分辨率（LR）图像中提取认知信息，并利用它生成高质量的参考图像。该参考图像在语义和纹理方面与 LR 图像紧密对齐，有利于超分辨率的实现。

认知超分辨率（CoSeR）网络框架如图 6-18 所示。

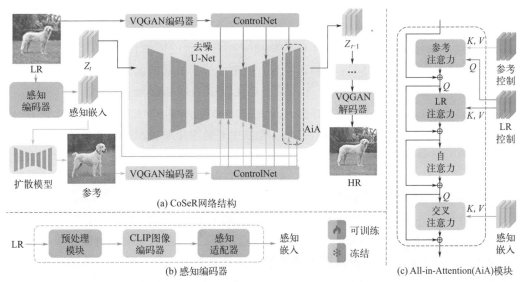

图 6-18 认知超分辨率（CoSeR）网络框架

在图 6-18 中，给定低分辨率（LR）图像，采用感知编码器提取包含语义和纹理信息的感知嵌入，用于生成高质量的参考图像。使用 AiA 模块将 LR 输入、感知嵌入和参考图像集成到去噪 U-Net 中。感知编码器和 AiA 模块的结构详见图（b）和图（c）。

BLIP2 描述和感知编码器生成的参考图像、感知适配器的结构，如图 6-19 所示。

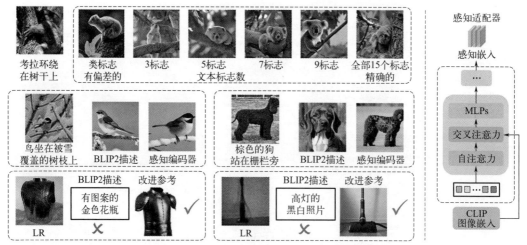

图 6-19 BLIP2 描述和感知编码器生成的参考图像、感知适配器的结构

在图 6-19 中，左图为通过 BLIP2 描述和感知编码器生成的参考图像。第一行展示需要增加标志，后两行展示了直接使用描述进行感知的缺点。右图为感知适配器的结构。

由具有不同监督方法的感知编码器生成的参考图像如图 6-20 所示。

图 6-20 由具有不同监督方法的感知编码器生成的参考图像

由感知编码器生成的参考图像如图 6-21 所示。

图 6-21 由感知编码器生成的参考图像

CoSeR 框架中去噪 U-Net 的网络结构如图 6-22 所示。

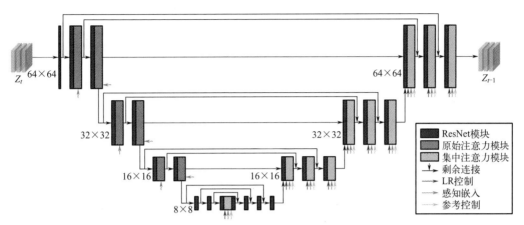

图 6-22　CoSeR 框架中去噪 U-Net 的网络结构

CoSeR 框架中 ControlNet 的网络结构如图 6-23 所示。

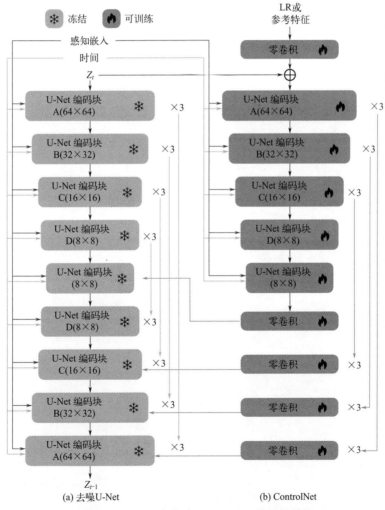

图 6-23　CoSeR 框架中 ControlNet 的网络结构

不同模型在 ImageNet Test2000 数据集上的效果比较如图 6-24～图 6-26 所示。

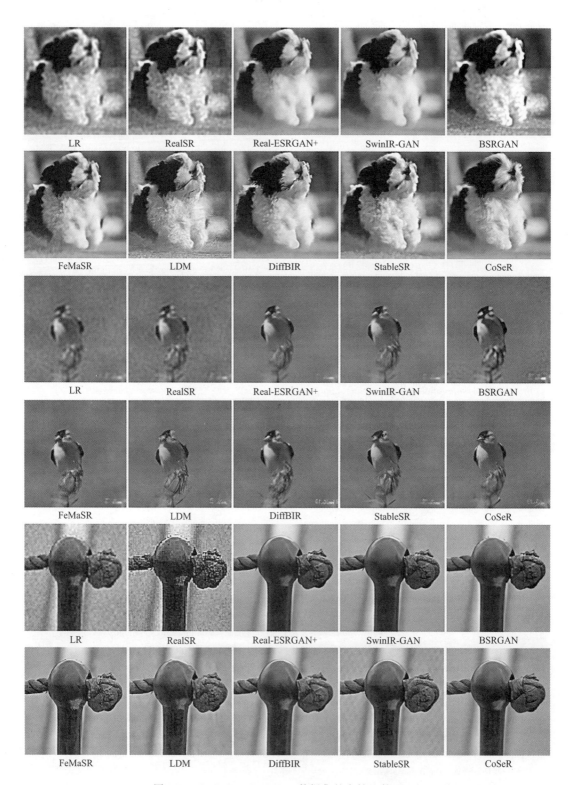

图 6-24 ImageNet Test2000 数据集的定性比较（一）

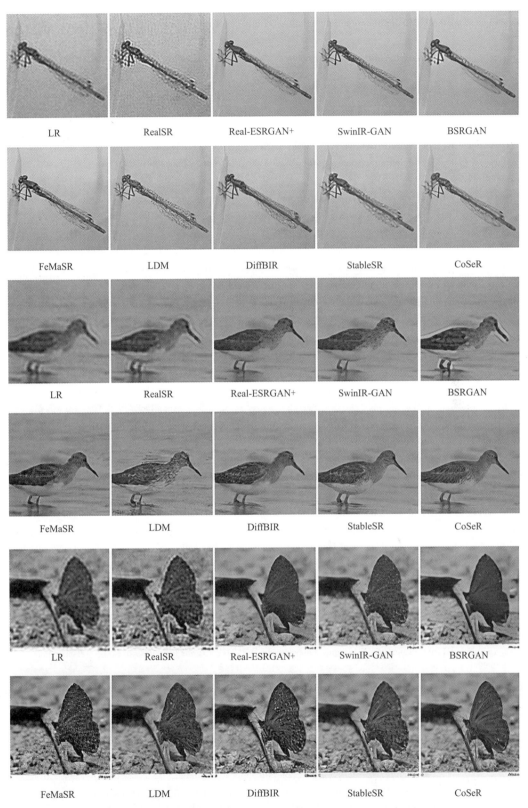

图 6-25 ImageNet Test2000 数据集的定性比较（二）

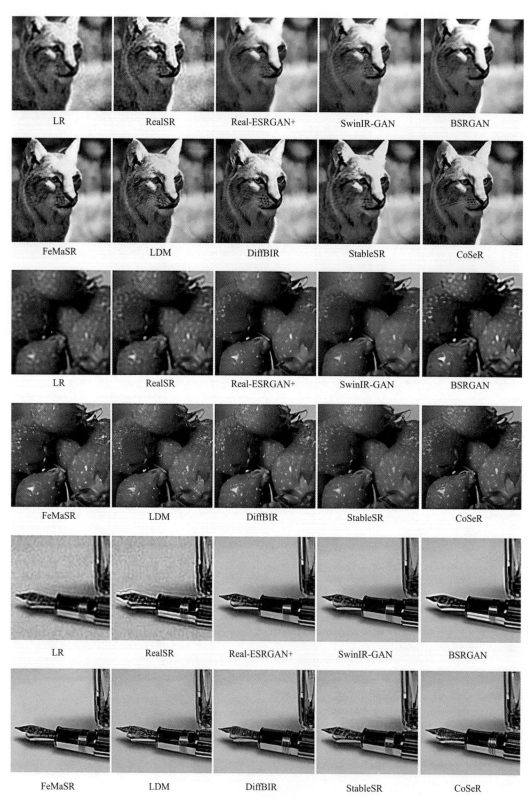

图 6-26 ImageNet Test2000 数据集的定性比较（三）

对真实图像或未知退化类型图像的定性比较如图 6-27、图 6-28 所示。

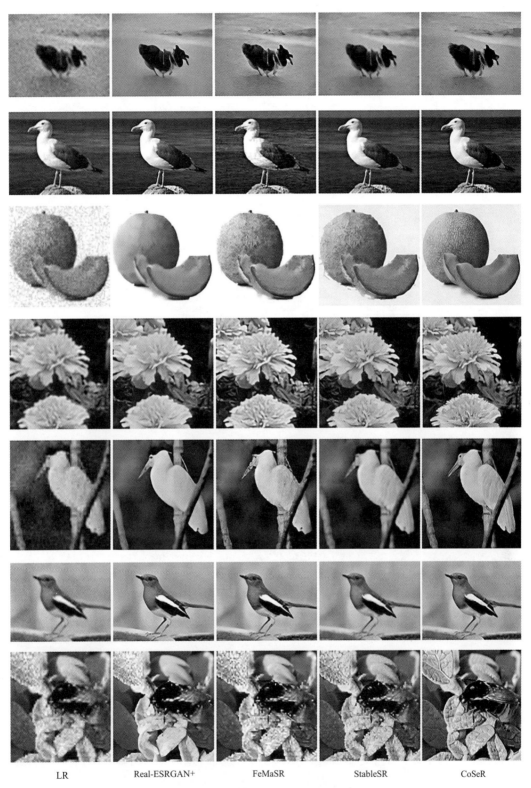

LR　　　　Real-ESRGAN+　　　　FeMaSR　　　　StableSR　　　　CoSeR

图 6-27　对真实图像或未知退化类型图像的定性比较（一）

| LR | Real-ESRGAN+ | FeMaSR | StableSR | CoSeR |

图 6-28 对真实图像或未知退化类型图像的定性比较（二）

6.10.3 结论

本案例提出了一种赋予超分辨率（SR）认知能力的开创性方法，提出的模型擅长生成有助于 SR 过程的高分辨率参考图像。此外，引入了一个 All-in-Attention 模块来增强结果的保真度。大量的实验证实了该方法在现实世界应用中的有效性。

6.11 SAM-6D：分段任意模型满足零样本 6D 对象姿态估计

6.11.1 概述

零样本 6D 物体姿态估计涉及在杂乱场景中检测具有 6D 姿态的新物体，这对模型的可推广性提出了重大挑战。幸运的是，Segment Anything Model（分段任意模型，SAM）展示了非凡的零样本转移性能，为解决这一任务提供了一个有前景的方案。受此启发，提出了 SAM-6D 框架，其包含两个步骤，即实例分割和姿态估计。给定目标对象，SAM-6D 采用两个专用子网络，即实例分割模型（ISM）和姿态估计模型（PEM），对杂乱的 RGB-D 图像执行分析。ISM 将 SAM 作为生成对象建议的高级起点，并通过精心设计的参数有选择地保留有效的对象建议。通过将姿态估计视为部分局部点匹配问题，PEM 执行了一个两阶段点匹配过程，该过程采用了一种新颖的背景标记设计来构建密集的 3D-3D 对应关系，最终得到姿态估计。SAM-6D 在 BOP Benchmark 的七个核心数据集上对新对象的实例分割和姿态估计效果都优于现有方法。

6.11.2 技术分析

SAM-6D 处理图像效果示意如图 6-29 所示。

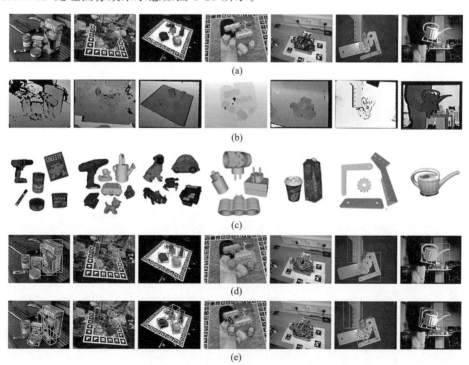

图 6-29　SAM-6D 处理图像效果示意

在图 6-29 中，SAM-6D 将杂乱场景的 RGB 图像（a）和深度图（b）作为输入，并对新对象（c）执行实例分割（d）和姿态估计（e）。图 6-29 展示了 SAM-6D 在 BOP 基准的 7 个核心数据集上的处理效果，包括 YCB-V、LM-O、HB、T-LESS、IC-BIN、ITODD 和 TUD-L 共七个部分，从左到右排列。

SAM-6D 由实例分割模型（ISM）和姿态估计模型（PEM）组成，SAM-6D 处理流程如图 6-30 所示。

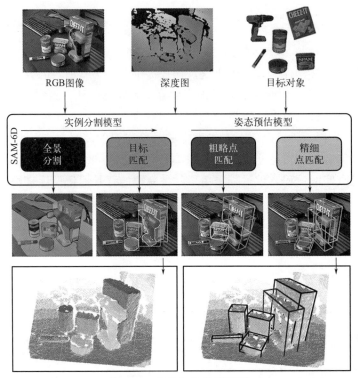

图 6-30　SAM-6D 处理流程

ISM 利用分段任意模型（SAM）生成所有可能的提案，并根据对象匹配分数有选择地保留有效提案。PEM 涉及两个阶段的点匹配，从粗略到精细，以建立 3D-3D 对应关系并计算所有有效提案的对象姿态。

SAM-6D 姿态估计模型（PEM）流程示意图如图 6-31 所示。

6.11.3　结论

本案例以分段任意模型（SAM）为零样本 6D 目标姿态估计的先进起点，提出了一种新的框架 SAM-6D，该框架由实例分割模型（ISM）和姿态估计模型（PEM）组成，分两步完成任务。ISM 利用 SAM 对所有潜在的对象提案进行细分，并在语义、外观和几何方面为每个提案分配一个对象匹配分数。然后，PEM 通过粗略点匹配和精细点匹配两个阶段来解决点匹配问题，从而预测每个提案的对象姿态。SAM-6D 的有效性在 BOP 基准的七个核心数据集上得到了验证，SAM-6D 明显优于现有方法。

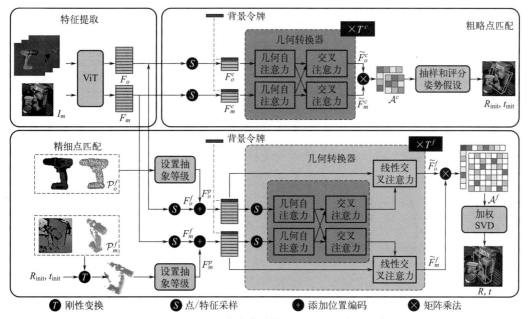

图 6-31 SAM-6D 姿态估计模型（PEM）流程示意图

6.12 NeISF：用于几何和材料估计的神经入射斯托克斯场

6.12.1 概述

多视图逆渲染是从不同视点下捕获的图像序列中估计场景参数（如形状、材质或照明）的问题。然而，许多方法都假设只有一次光线反射，因此无法用于存在多次光线反射的情况。另一方面，如果简单地将这些方法扩展到考虑多次光线反射的情况，则需要更多的假设来降低模糊程度。为了解决这个问题，提出了神经入射斯托克斯场（NeISF），这是一种使用偏振线索降低模糊度的多视图逆渲染框架。使用偏振线索的主要目的是它是多次光线反射的积累，能提供有关几何形状和材料的丰富信息。基于这一知识，所提出的入射斯托克斯场在原始的基于物理的可微分偏振渲染器的帮助下有效地模拟了累积的偏振效应。最后，实验结果表明，该方法在合成和真实场景中都优于现有的其他方法。

6.12.2 技术分析

NeISF 使用偏振线索重建高度精确的形状和材料的流程如图 6-32 所示。

在图 6-32 中可以清楚地观察到茶壶和书之间的相互反射，而 PANDORA 模型受到纹理的严重影响，无法正确重建相互反射，因为它只假设了单次反射照明。DoLP 表示线偏振度。

图 6-32 NeISF 使用偏振线索重建高度精确的形状和材料的流程

斯托克斯场原理示意图如图 6-33 所示。

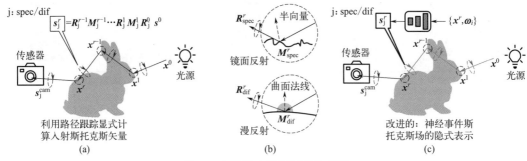

图 6-33 斯托克斯场原理示意图

在图 6-33 中,图(a)展示了在传统的路径跟踪器中,入射斯托克斯矢量是通过斯托克斯矢量、旋转穆勒矩阵和 pBRDF-Mueller 矩阵的递归乘法计算的;图(b)展示了漫射和镜面 pBRDF 矩阵具有不同的参考系,因此旋转矩阵应单独处理;图(c)展示了给定相互作用点的位置和入射光的方向,使用 MLP 分别隐式记录漫反射和镜面反射分量的已经旋转的入射斯托克斯矢量的过程。

NeISF 系统原理如图 6-34 所示。

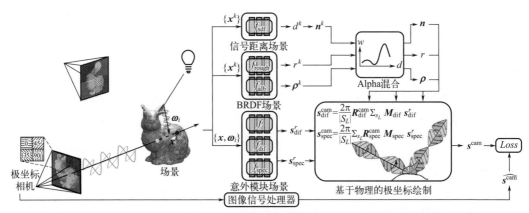

图 6-34 NeISF 系统原理

在图 6-34 中,对于每个相互作用点,使用 MLP 隐式记录表面法线 n、漫射反照率 ρ、粗糙度 r 以及漫反射 s^r_{dif} 和镜面反射 s^r_{spec} 分量的已旋转入射斯托克斯矢量。采用基于物理的极化渲染器来渲染输出斯托克斯矢量 s^{cam}。

合成数据集上重建的表面法线如图 6-35 所示。

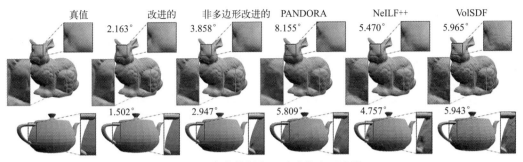

图 6-35　合成数据集上重建的表面法线

在图 6-35 中，PANDORA 失去了曲面法线的细节，NeILF++、VolSDF 未能将几何形状和材料分开，因此，估计的表面法线包含一些反照率模式。

在真实数据集上的效果比较见图 6-36。

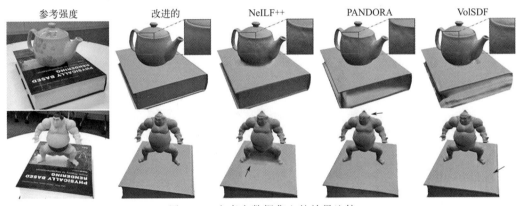

图 6-36　在真实数据集上的效果比较

6.13　Monkey 图像分辨率和文本标签是大型多模态模型的重要内容

6.13.1　概述

大型多模态模型（LMM）在视觉语言任务中展示出优势，但在高分辨率输入和详细的场景理解方面表现一般。为了解决这一问题，引入了 Monkey 模型来增强 LMM 功能。

首先，Monkey 模型通过将输入图像划分为均匀的补丁来处理它们，每个补丁都与训练良好的视觉编码器相匹配。Monkey 为每个补丁配备了单独的适配器，可以处理高达 1344 像素×896 像素的高分辨率图像，从而能够捕获复杂的视觉信息。其次，它采用多级描述生成方法，丰富了场景对象关联的上下文。这种分为两部分的策略可确保从生成的数据中进行更有效的学习，更高的分辨率允许更详细地捕捉视觉效果，从而提高了描述的有效性。此外，在 18 个数据集上的实验证明，Monkey 模型在图像字幕和各种视觉问答格式等许多任务中都超越了现有的 LMM。特别是，在侧重于密集文本问答的定性测试中，与其他测试模型相比，Monkey 模型表现出了不错的效果。

6.13.2　技术分析

与现有模型相比，Monkey 模型在各种多模式任务上的性能具有优势，性能对比如图 6-37 所示。

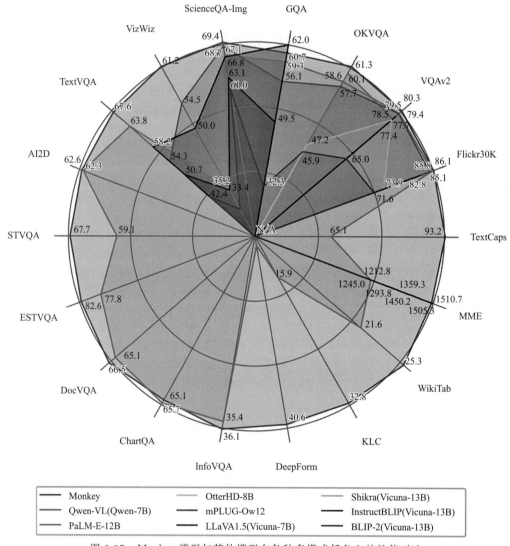

图 6-37　Monkey 模型与其他模型在各种多模式任务上的性能对比

Monkey 模型的整体架构如图 6-38 所示。

Monkey 模型通过从原始图像中捕获全局特征和从分割的补丁中捕获本地特征来实现高分辨率，所有补丁都通过共享的静态 Vit 编码器进行处理。

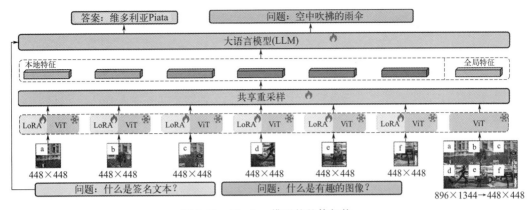

图 6-38　Monkey 模型的整体架构

6.13.3　结论

本案例提出了一种提高训练效率的方法，可以在不进行预训练的情况下，将输入分辨率有效地提高到 1344 像素×896 像素。为了弥合简单文本标签和高输入分辨率之间的差距，提出了一种多级描述生成方法，该方法自动提供丰富的信息，可以指导模型学习场景和对象之间的上下文关联。通过这两种设计的协同作用，模型在多个基准测试中取得了出色的结果。通过将模型与包括 GPT-4V 在内的各种 LMM 进行比较，所提出的模型通过关注文本信息和捕获图像中的细节，在图像文字生成方面表现出了良好的性能；其改进的输入分辨率还可以在包含文字的图像中实现出色的性能。

6.14　CorrMatch：通过相关性匹配进行标签传播，用于半监督语义分割

6.14.1　概述

CorrMatch 是一种简单但高效的半监督发散分割方法。以前的方法大多采用复杂的训练策略来利用未标记的数据，但忽略了相关图在建模中的作用。相关图不仅可以很容易地对同一类别的像素进行聚类，而且包含了良好的形状信息，这是以前的工作所忽略的。受此启发，设计两种新的标签传播策略来提高未标记数据的使用效率。首先，建议通过对像素的成对相似性进行建模来进行像素传播，以扩展高一致性像素。然后，进行区域传播，用从相关图中提取的精确的类无关掩码来增强伪标签。CorrMatch 在流行的细分基准测试中取得了出色的成绩。以具有 ResNet-101 骨干的 DeepLabV3＋作为分割模型，在 Pascal VOC 2012 数据集上获得了 76％＋mIoU 的分数，其中只有 92 张带注释的图像。

6.14.2 技术分析

未标记图像的 CorrMatch 流程示意图如图 6-39 所示。

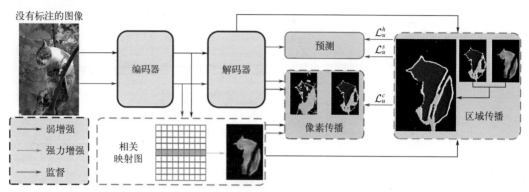

图 6-39 未标记图像的 CorrMatch 流程示意图

除了一致性正则化之外，CorrMatch 还采用了两种具有相关性匹配的标签传播策略，即像素传播与区域传播。

6.15 VCoder：多模态大型语言模型的多功能视觉编码器

6.15.1 概述

多模态大型语言模型（MLLM）在视觉语言任务上取得了令人印象深刻的成就，然而，当被提示识别或计数（感知）给定图像中的实体时，现有的 MLLM 系统效果不好。为了开发一个用于感知和推理的精确 MLLM 系统，建议使用多功能视觉编码器（VCoder）作为多模态 LLM 的感知"眼睛"。

首先，可以为 VCoder 提供感知方式，如分割或深度图，以提高 MLLM 的感知能力。其次，利用来自 COCO 的图像和来自现成视觉感知模型的输出来创建 COCO 分割文本（COST）数据集，用于在对象感知任务上训练和评估 MLLM。第三，在 COST 数据集上引入度量标准来评估 MLLM 中的对象感知能力。最后，提供了广泛的实验证据，证明 VCoder 比现有的 MLLM（包括 GPT-4V）具有更好的对象级感知能力。

6.15.2 技术分析

MLLM 计数和识别物体示例如图 6-40 所示。

在图 6-40 第一列的示例中，GPT-4V 和 LLaVA-1.5 都无法正确统计人数；此外，LLaVA-1.5 会错过窗户、墙壁等背景实体，并对手提包的存在产生幻觉；VCoder 可以准

图 6-40 MLLM 计数和识别物体示例

确预测除椅子外的人数和其他背景实体。在第二列示例中，GPT-4V 和 LLaVA-1.5 在计数椅子时失败，而 VCoder 的性能与 Oracle 相当。值得注意的是，对于第三列示例中的非杂乱图像，所有 MLLM 都可以准确地感知对象，而 LLaVA-1.5 在计数时失败。VCoder 还可以准确地执行一般的问答任务，如第四列示例所示。

COST 数据集的组织如图 6-41 所示。

在图 6-41 中，将 COCO 的图像、GPT-4 的问题和 OneFormer 的分割输出以问答形式合并，用于训练和评估目标识别任务中的 MLLM；还通过整合 DINOv2 和 DPT 的深度图输出，将 COST 扩展到对象顺序感知任务。通过类似方式结合其他模态（例如，关键点图），COST 可以扩展到更多类型的对象级任务。

使用 VCoder 调整多模态 LLM 以实现精确的物体感知的示意图如图 6-42 所示。

在图 6-42 中，将 VCoder 添加为 LLaVA-1.5 的适配器，并将感知模态作为额外的控制输入，以提高物体感知性能；在训练过程中，冻结了 LLaVA-1.5（ImCoder、MLP 和 LLM）中的组件，以保持原始的推理性能；使用深度图和分割图作为 VCoder 的控制输入，用于对象顺序感知任务。

6.15.3 结论

本案例分析了多模态大型语言模型（MLLM）的对象级感知技术。尽管 MLLM 是很好的视觉推理器，但它们需要在物体感知这一简单而基本的任务上进行改进。为了提高

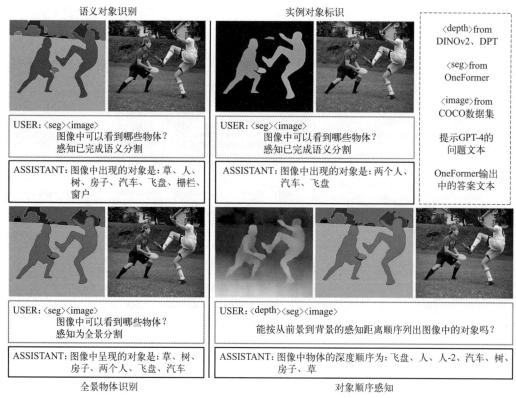

图 6-41 COST 数据集的组织

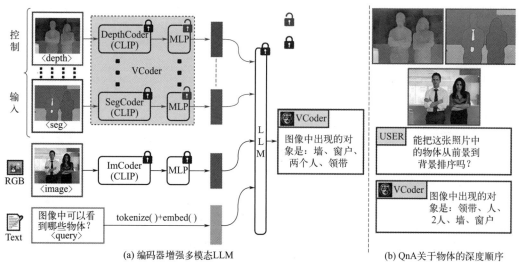

图 6-42 使用 VCoder 调整多模态 LLM 以实现精确的物体感知示意图

MLLM 的对象感知能力，提出了 COST 数据集用于训练和评估 MLLM 物体感知任务。在 COST 数据集上对不同的现有 MLLM 和 GPT-4V 进行了基准测试，并观察了它们的表现。建议使用感知模态作为控制输入，使用多功能视觉编码器（VCoder）作为适配器，将控制输入投影到 LLM 嵌入空间。VCoder 可以很容易地扩展到根据任务利用不同模态作为控制输入。为了量化 MLLM 中的对象级感知能力，引入了计数评分（CS）、幻觉评分（HS）和深度评分（DS）。将 LLaVA-1.5 与 VCoder 进行了适配，仅在 COST 数据集上训练了 VCoder，并在保持推理性能的同时，证明了它在对象感知任务中的性能得到了提高。希望本工作能够激励研究界专注于为 MLLM 开发对象感知数据集，并在未来开发出同样擅长感知和推理的视觉系统。

参 考 文 献

[1] Peng Z, Ye X, Zhao W, et al. 3D Multi-frame Fusion for Video Stabilization [C]//Proceedings of the IEEE/CVF Conference on Computer Vision and Pattern Recognition, 2024: 7507-7516.

[2] Yang Z, Xia J, Li S, et al. A Dynamic Kernel Prior Model for Unsupervised Blind Image Super-Resolution [C]// Proceedings of the IEEE/CVF Conference on Computer Vision and Pattern Recognition, 2024: 26046-26056.

[3] Hong C, Lee K M. AdaBM: On-the-Fly Adaptive Bit Mapping for Image Super-Resolution [C]//Proceedings of the IEEE/CVF Conference on Computer Vision and Pattern Recognition, 2024: 2641-2650.

[4] Xu K, Zhang L, Shi J. Amodal completion via progressive mixed context diffusion [C]//Proceedings of the IEEE/CVF Conference on Computer Vision and Pattern Recognition, 2024: 9099-9109.

[5] Wang B, Yang F, Yu X, et al. APISR: Anime Production Inspired Real-World Anime Super-Resolution [C]// Proceedings of the IEEE/CVF Conference on Computer Vision and Pattern Recognition, 2024: 25574-25584.

[6] Kim J, Kim T K. Arbitrary-Scale Image Generation and Upsampling using Latent Diffusion Model and Implicit Neural Decoder [C]//Proceedings of the IEEE/CVF Conference on Computer Vision and Pattern Recognition, 2024: 9202-9211.

[7] Lin J, Tang J, Tang H, et al. AWQ: Activation-aware Weight Quantization for On-Device LLM Compression and Acceleration [J]. Proceedings of Machine Learning and Systems, 2024, 6: 87-100.

[8] Kim J E, Yoon H, Park G, et al. Data-Efficient Unsupervised Interpolation Without Any Intermediate Frame for 4D Medical Images [C]//Proceedings of the IEEE/CVF Conference on Computer Vision and Pattern Recognition, 2024: 11353-11364.

[9] Kim J, Oh J, Lee K M. Beyond Image Super-Resolution for Image Recognition with Task-Driven Perceptual Loss [C]//Proceedings of the IEEE/CVF Conference on Computer Vision and Pattern Recognition, 2024: 2651-2661.

[10] Yang F, Feng C, Chen Z, et al. Binding touch to everything: Learning unified multimodal tactile representations [C]//Proceedings of the IEEE/CVF Conference on Computer Vision and Pattern Recognition, 2024: 26340-26353.

[11] Tsao L Y, Lo Y C, Chang C C, et al. Boosting Flow-based Generative Super-Resolution Models via Learned Prior [C]//Proceedings of the IEEE/CVF Conference on Computer Vision and Pattern Recognition, 2024: 26005-26015.

[12] Han K, Muhle D, Wimbauer F, et al. Boosting Self-Supervision for Single-View Scene Completion via Knowledge Distillation [C]//Proceedings of the IEEE/CVF Conference on Computer Vision and Pattern Recognition, 2024: 9837-9847.

[13] Dong R, Yuan S, Luo B, et al. Building Bridges across Spatial and Temporal Resolutions: Reference-Based Super-Resolution via Change Priors and Conditional Diffusion Model [C]//Proceedings of the IEEE/CVF Conference on Computer Vision and Pattern Recognition, 2024: 27684-27694.

[14] Manam L, Govindu V M. Leveraging Camera Triplets for Efficient and Accurate Structure-from-Motion [C]// Proceedings of the IEEE/CVF Conference on Computer Vision and Pattern Recognition, 2024: 4959-4968.

[15] Wang Y, Liu Y, Zhao S, et al. CAMixerSR: Only Details Need More" Attention" [C]//Proceedings of the IEEE/CVF Conference on Computer Vision and Pattern Recognition, 2024: 25837-25846.

[16] Bae I, Lee J, Jeon H G. Can Language Beat Numerical Regression? Language-Based Multimodal Trajectory Prediction [C]//Proceedings of the IEEE/CVF Conference on Computer Vision and Pattern Recognition, 2024: 753-766.

[17] Liu Q, Zhuang C, Gao P, et al. CDFormer: When Degradation Prediction Embraces Diffusion Model for Blind Image Super-Resolution [C]//Proceedings of the IEEE/CVF Conference on Computer Vision and Pattern Recognition, 2024: 7455-7464.

[18] Ray A, Kumar G, Kolekar M H. CFAT: Unleashing Triangular Windows for Image Super-resolution [C]// Proceedings of the IEEE/CVF Conference on Computer Vision and Pattern Recognition, 2024: 26120-26129.

[19] Diller C, Dai A. Cg-hoi: Contact-guided 3d human-object interaction generation [C]//Proceedings of the IEEE/ CVF Conference on Computer Vision and Pattern Recognition, 2024: 19888-19901.

[20] Choi J, Shah R, Li Q, et al. LTM: Lightweight Textured Mesh Extraction and Refinement of Large Unbounded Scenes for Efficient Storage and Real-time Rendering [C]//Proceedings of the IEEE/CVF Conference on Computer Vision and Pattern Recognition, 2024: 5053-5063.

[21] Yang Fu, Sifei Liu, Amey Kulkarni, et al. Efros, Xiaolong Wang. COLMAP-Free 3D Gaussian Splatting [J/OL]. 2023. DOI: 10.48550/arXiv.2312.07504.

[22] Duan Y, Wu X, Deng H, et al. Content-Adaptive Non-Local Convolution for Remote Sensing Pansharpening [C]//Proceedings of the IEEE/CVF Conference on Computer Vision and Pattern Recognition, 2024: 27738-27747.

[23] Liu J, Xu R, Yang S, et al. Continual-MAE: Adaptive Distribution Masked Autoencoders for Continual Test-Time Adaptation [C]//Proceedings of the IEEE/CVF Conference on Computer Vision and Pattern Recognition, 2024: 28653-28663.

[24] Sun B, Yang Y, Zhang L, et al. Corrmatch: Label propagation via correlation matching for semi-supervised semantic segmentation [C]//Proceedings of the IEEE/CVF Conference on Computer Vision and Pattern Recognition, 2024: 3097-3107.

[25] Wang J, Chen Y, Zheng Z, et al. CrossKD: Cross-head knowledge distillation for object detection [C]//Proceedings of the IEEE/CVF Conference on Computer Vision and Pattern Recognition, 2024: 16520-16530.

[26] Arica S, Rubin O, Gershov S, et al. CuVLER: Enhanced Unsupervised Object Discoveries through Exhaustive Self-Supervised Transformers [C]//Proceedings of the IEEE/CVF Conference on Computer Vision and Pattern Recognition, 2024: 23105-23114.

[27] Fang W, Tang Y, Guo H, et al. CycleINR: Cycle Implicit Neural Representation for Arbitrary-Scale Volumetric Super-Resolution of Medical Data [C]//Proceedings of the IEEE/CVF Conference on Computer Vision and Pattern Recognition, 2024: 11631-11641.

[28] Du Z, Li X, Li F, et al. Domain-agnostic mutual prompting for unsupervised domain adaptation [C]//Proceedings of the IEEE/CVF Conference on Computer Vision and Pattern Recognition, 2024: 23375-23384.

[29] Hayder Z, He X. DSGG: Dense Relation Transformer for an End-to-end Scene Graph Generation [C]//Proceedings of the IEEE/CVF Conference on Computer Vision and Pattern Recognition, 2024: 28317-28326.

[30] Kim B, Yu J, Hwang S J. ECLIPSE: Efficient Continual Learning in Panoptic Segmentation with Visual Prompt Tuning [C]//Proceedings of the IEEE/CVF Conference on Computer Vision and Pattern Recognition, 2024: 3346-3356.

[31] Qu G, Wang P, Yuan X. Dual-Scale Transformer for Large-Scale Single-Pixel Imaging [C]//Proceedings of the IEEE/CVF Conference on Computer Vision and Pattern Recognition, 2024: 25327-25337.

[32] Zhao Z, Bai H, Zhang J, et al. Equivariant multi-modality image fusion [C]//Proceedings of the IEEE/CVF Conference on Computer Vision and Pattern Recognition, 2024: 25912-25921.

[33] Fu H, Peng F, Li X, et al. Continuous Optical Zooming: A Benchmark for Arbitrary-Scale Image Super-Resolution in Real World [C]//Proceedings of the IEEE/CVF Conference on Computer Vision and Pattern Recognition, 2024: 3035-3044.

[34] Cai S, Ceylan D, Gadelha M, et al. Generative rendering: Controllable 4d-guided video generation with 2d diffusion models [C]//Proceedings of the IEEE/CVF Conference on Computer Vision and Pattern Recognition, 2024: 7611-7620.

[35] Yang Y, Wu H, Aviles-Rivero A I, et al. Genuine Knowledge from Practice: Diffusion Test-Time Adaptation for Video Adverse Weather Removal [J]. arxiv preprint arxiv: 2403.07684, 2024.

[36] Jung H, Nam S, Sarafianos N, et al. Geometry Transfer for Stylizing Radiance Fields [C]//Proceedings of the IEEE/CVF Conference on Computer Vision and Pattern Recognition, 2024: 8565-8575.

[37] Guo Z, Han X, Zhang J, et al. Video Harmonization with Triplet Spatio-Temporal Variation Patterns [C]//Proceedings of the IEEE/CVF Conference on Computer Vision and Pattern Recognition, 2024: 19177-19186.

[38] Hossain M R I, Siam M, Sigal L, et al. Visual Prompting for Generalized Few-shot Segmentation: A Multi-scale Approach [C]//Proceedings of the IEEE/CVF Conference on Computer Vision and Pattern Recognition, 2024: 23470-23480.

[39] Huang Z, Liang Q, Yu Y, et al. Bilateral Event Mining and Complementary for Event Stream Super-Resolution [C]//Proceedings of the IEEE/CVF Conference on Computer Vision and Pattern Recognition, 2024: 34-43.

[40] Huang H, Huang Y, Lin L, et al. Going Beyond Multi-Task Dense Prediction with Synergy Embedding Models [C]//Proceedings of the IEEE/CVF Conference on Computer Vision and Pattern Recognition, 2024: 28181-28190.

[41] Bastian L, Xie Y, Navab N, et al. Hybrid Functional Maps for Crease-Aware Non-Isometric Shape Matching [C]//Proceedings of the IEEE/CVF Conference on Computer Vision and Pattern Recognition, 2024: 3313-3323.

[42] Song Y, Zhang Z, Lin Z, et al. Imprint: Generative object compositing by learning identity-preserving representation [C]//Proceedings of the IEEE/CVF Conference on Computer Vision and Pattern Recognition, 2024: 8048-8058.

[43] Jia Z, Li J, Li B, et al. Generative Latent Coding for Ultra-Low Bitrate Image Compression [C]//Proceedings of the IEEE/CVF Conference on Computer Vision and Pattern Recognition, 2024: 26088-26098.

[44] Brunekreef J, Marcus E, Sheombarsing R, et al. Kandinsky Conformal Prediction: Efficient Calibration of Image Segmentation Algorithms [C]//Proceedings of the IEEE/CVF Conference on Computer Vision and Pattern Recognition, 2024: 4135-4143.

[45] Qin M, Li W, Zhou J, et al. Langsplat: 3d language gaussian splatting [C]//Proceedings of the IEEE/CVF Conference on Computer Vision and Pattern Recognition, 2024: 20051-20060.

[46] Khoshkhahtinat A, Zafari A, Mehta P M, et al. Laplacian-guided Entropy Model in Neural Codec with Blur-dissipated Synthesis [C]//Proceedings of the IEEE/CVF Conference on Computer Vision and Pattern Recognition, 2024: 3045-3054.

[47] Qu S, Zou T, He L, et al. Lead: Learning decomposition for source-free universal domain adaptation [C]//Proceedings of the IEEE/CVF Conference on Computer Vision and Pattern Recognition, 2024: 23334-23343.

[48] Loiseau R, Vincent E, Aubry M, et al. Learnable Earth Parser: Discovering 3D Prototypes in Aerial Scans [C]//Proceedings of the IEEE/CVF Conference on Computer Vision and Pattern Recognition, 2024: 27874-27884.

[49] Gong R, Liu W, Gu Z, et al. Learning Intra-view and Cross-view Geometric Knowledge for Stereo Matching [C]//Proceedings of the IEEE/CVF Conference on Computer Vision and Pattern Recognition, 2024: 20752-20762.

[50] Addepalli S, Asokan A R, Sharma L, et al. Leveraging Vision-Language Models for Improving Domain Generalization in Image Classification [C]//Proceedings of the IEEE/CVF Conference on Computer Vision and Pattern Recognition, 2024: 23922-23932.

[51] Liu H, Peng S, Zhu L, et al. Seeing Motion at Nighttime with an Event Camera [C]//Proceedings of the IEEE/CVF Conference on Computer Vision and Pattern Recognition, 2024: 25648-25658.

[52] Liu Y, Deng Y, Chen H, et al. Video Frame Interpolation via Direct Synthesis with the Event-based Reference [C]//Proceedings of the IEEE/CVF Conference on Computer Vision and Pattern Recognition, 2024: 8477-8487.

[53] Luo X, Luo A, Wang Z, et al. Efficient Meshflow and Optical Flow Estimation from Event Cameras [C]//Proceedings of the IEEE/CVF Conference on Computer Vision and Pattern Recognition, 2024: 19198-19207.

[54] Chng Y X, Zheng H, Han Y, et al. Mask grounding for referring image segmentation [C]//Proceedings of the IEEE/CVF Conference on Computer Vision and Pattern Recognition, 2024: 26573-26583.

[55] Kraus O, Kenyon-Dean K, Saberian S, et al. Masked Autoencoders for Microscopy are Scalable Learners of Cellular Biology [C]//Proceedings of the IEEE/CVF Conference on Computer Vision and Pattern Recognition, 2024: 11757-11768.

[56] Ni Z, Wu J, Wang Z, et al. Misalignment-robust frequency distribution loss for image transformation [C]//Proceedings of the IEEE/CVF Conference on Computer Vision and Pattern Recognition, 2024: 2910-2919.

[57] Li Z, Yang B, Liu Q, et al. Monkey: Image resolution and text label are important things for large multi-modal models [C]//Proceedings of the IEEE/CVF Conference on Computer Vision and Pattern Recognition, 2024: 26763-26773.

[58] Yan L, Yan P, Xiong S, et al. MonoCD: Monocular 3D Object Detection with Complementary Depths [C]//

Proceedings of the IEEE/CVF Conference on Computer Vision and Pattern Recognition, 2024: 10248-10257.

[59] Xu H, Chen A, Chen Y, et al. Murf: Multi-baseline radiance fields [C]//Proceedings of the IEEE/CVF Conference on Computer Vision and Pattern Recognition, 2024: 20041-20050.

[60] Li C, Ono T, Uemori T, et al. NeISF: Neural Incident Stokes Field for Geometry and Material Estimation [C]//Proceedings of the IEEE/CVF Conference on Computer Vision and Pattern Recognition, 2024: 21434-21445.

[61] Chugunov I, Shustin D, Yan R, et al. Neural spline fields for burst image fusion and layer separation [C]//Proceedings of the IEEE/CVF Conference on Computer Vision and Pattern Recognition, 2024: 25763-25773.

[62] Wang S, Yu J, Li W, et al. Not all voxels are equal: Hardness-aware semantic scene completion with self-distillation [C]//Proceedings of the IEEE/CVF Conference on Computer Vision and Pattern Recognition, 2024: 14792-14801.

[63] Zhang W, Janson P, Aljundi R, et al. Overcoming Generic Knowledge Loss with Selective Parameter Update [C]//Proceedings of the IEEE/CVF Conference on Computer Vision and Pattern Recognition, 2024: 24046-24056.

[64] Kim W, Kim G, Lee J, et al. Paramisp: learned forward and inverse ISPS using camera parameters [J]. arxiv preprint arxiv: 2312.13313, 2023.

[65] Xie T, Zong Z, Qiu Y, et al. Physgaussian: Physics-integrated 3d gaussians for generative dynamics [C]//Proceedings of the IEEE/CVF Conference on Computer Vision and Pattern Recognition, 2024: 4389-4398.

[66] Potje G, Cadar F, Araujo A, et al. XFeat: Accelerated Features for Lightweight Image Matching [C]//Proceedings of the IEEE/CVF Conference on Computer Vision and Pattern Recognition, 2024: 2682-2691.

[67] Li Z, Li X, Fu X, et al. Promptkd: Unsupervised prompt distillation for vision-language models [C]//Proceedings of the IEEE/CVF Conference on Computer Vision and Pattern Recognition, 2024: 26617-26626.

[68] Fang K, Song J, Gao L, et al. Pros: Prompting-to-simulate generalized knowledge for universal cross-domain retrieval [C]//Proceedings of the IEEE/CVF Conference on Computer Vision and Pattern Recognition, 2024: 17292-17301.

[69] Huang M, Mao Z, Liu M, et al. RealCustom: Narrowing Real Text Word for Real-Time Open-Domain Text-to-Image Customization [C]//Proceedings of the IEEE/CVF Conference on Computer Vision and Pattern Recognition, 2024: 7476-7485.

[70] Goswami D, Soutif-Cormerais A, Liu Y, et al. Resurrecting Old Classes with New Data for Exemplar-Free Continual Learning [C]//Proceedings of the IEEE/CVF Conference on Computer Vision and Pattern Recognition, 2024: 28525-28534.

[71] Xu H, Liu X, Xu H, et al. Rethinking boundary discontinuity problem for oriented object detection [C]//Proceedings of the IEEE/CVF Conference on Computer Vision and Pattern Recognition, 2024: 17406-17415.

[72] Cao M, Yang S, Yang Y, et al. Rolling Shutter Correction with Intermediate Distortion Flow Estimation [C]//Proceedings of the IEEE/CVF Conference on Computer Vision and Pattern Recognition, 2024: 25338-25347.

[73] Lin J, Liu L, Lu D, et al. Sam-6d: Segment anything model meets zero-shot 6d object pose estimation [C]//Proceedings of the IEEE/CVF Conference on Computer Vision and Pattern Recognition, 2024: 27906-27916.

[74] Fan Y, Zhang W, Liu C, et al. SFOD: Spiking Fusion Object Detector [C]//Proceedings of the IEEE/CVF Conference on Computer Vision and Pattern Recognition, 2024: 17191-17200.

[75] Shin N H, Lee S H, Kim C S. Blind Image Quality Assessment Based on Geometric Order Learning [C]//Proceedings of the IEEE/CVF Conference on Computer Vision and Pattern Recognition, 2024: 12799-12808.

[76] Liu C, Zhang G, Zhao R, et al. Sparse Global Matching for Video Frame Interpolation with Large Motion [C]//Proceedings of the IEEE/CVF Conference on Computer Vision and Pattern Recognition, 2024: 19125-19134.

[77] Jeon Y, Choi E, Kim Y, et al. Spectral and Polarization Vision: Spectro-polarimetric Real-world Dataset [C]//Proceedings of the IEEE/CVF Conference on Computer Vision and Pattern Recognition, 2024: 22098-22108.

[78] Sun J, Jiao H, Li G, et al. 3dgstream: On-the-fly training of 3d gaussians for efficient streaming of photo-realistic free-viewpoint videos [C]//Proceedings of the IEEE/CVF Conference on Computer Vision and Pattern Recognition, 2024: 20675-20685.

[79] Peng W, Xie S, You Z, et al. Synthesize Diagnose and Optimize: Towards Fine-Grained Vision-Language Understanding [C]//Proceedings of the IEEE/CVF Conference on Computer Vision and Pattern Recognition, 2024: 13279-13288.

[80] Ge X, Luo J, Zhang X, et al. Task-Aware Encoder Control for Deep Video Compression [C]//Proceedings of the IEEE/CVF Conference on Computer Vision and Pattern Recognition, 2024: 26036-26045.

[81] Tian Y, Chen H, Xu C, et al. Image Processing GNN: Breaking Rigidity in Super-Resolution [C]//Proceedings of the IEEE/CVF Conference on Computer Vision and Pattern Recognition, 2024: 24108-24117.

[82] Chen S X, Vaxman Y, Ben Baruch E, et al. TiNO-Edit: Timestep and Noise Optimization for Robust Diffusion-Based Image Editing [C]//Proceedings of the IEEE/CVF Conference on Computer Vision and Pattern Recognition, 2024: 6337-6346.

[83] Piccinelli L, Yang Y H, Sakaridis C, et al. UniDepth: Universal Monocular Metric Depth Estimation [C]//Proceedings of the IEEE/CVF Conference on Computer Vision and Pattern Recognition, 2024: 10106-10116.

[84] Deng J, Lu J, Zhang T. Unsupervised Template-assisted Point Cloud Shape Correspondence Network [C]//Proceedings of the IEEE/CVF Conference on Computer Vision and Pattern Recognition, 2024: 5250-5259.

[85] Jain J, Yang J, Shi H. Vcoder: Versatile vision encoders for multimodal large language models [C]//Proceedings of the IEEE/CVF Conference on Computer Vision and Pattern Recognition, 2024: 27992-28002.

[86] Jain S, Watson D, Tabellion E, et al. Video interpolation with diffusion models [C]//Proceedings of the IEEE/CVF Conference on Computer Vision and Pattern Recognition, 2024: 7341-7351.

[87] Wang Y O, Chung Y, Wu C H, et al. Domain Gap Embeddings for Generative Dataset Augmentation [C]//Proceedings of the IEEE/CVF Conference on Computer Vision and Pattern Recognition, 2024: 28684-28694.

[88] Yang X, Huang W, Ye M. FedAS: Bridging Inconsistency in Personalized Federated Learning [C]//Proceedings of the IEEE/CVF Conference on Computer Vision and Pattern Recognition, 2024: 11986-11995.

[89] Zhang J, Zeng H, Cao J, et al. Dual Prior Unfolding for Snapshot Compressive Imaging [C]//Proceedings of the IEEE/CVF Conference on Computer Vision and Pattern Recognition, 2024: 25742-25752.

[90] Zhang J, Zeng H, Chen Y, et al. Improving Spectral Snapshot Reconstruction with Spectral-Spatial Rectification [C]//Proceedings of the IEEE/CVF Conference on Computer Vision and Pattern Recognition, 2024: 25817-25826.

[91] Zhang Z, Wang H, Chen Z, et al. Learned Lossless Image Compression based on Bit Plane Slicing [C]//Proceedings of the IEEE/CVF Conference on Computer Vision and Pattern Recognition, 2024: 27579-27588.

[92] Zheng J, Potamias R A, Zafeiriou S. Design2Cloth: 3D Cloth Generation from 2D Masks [C]//Proceedings of the IEEE/CVF Conference on Computer Vision and Pattern Recognition, 2024: 1748-1758.

[93] Zheng Z, Lu F, Xue W, et al. LiDAR4D: Dynamic Neural Fields for Novel Space-time View LiDAR Synthesis [C]//Proceedings of the IEEE/CVF Conference on Computer Vision and Pattern Recognition, 2024: 5145-5154.

[94] Zhou S, Chen D, Pan J, et al. Adapt or perish: Adaptive sparse transformer with attentive feature refinement for image restoration [C]//Proceedings of the IEEE/CVF Conference on Computer Vision and Pattern Recognition, 2024: 2952-2963.

[95] Zhu H, Cao S Y, Hu J, et al. MCNet: Rethinking the Core Ingredients for Accurate and Efficient Homography Estimation [C]//Proceedings of the IEEE/CVF Conference on Computer Vision and Pattern Recognition, 2024: 25932-25941.